좋은 약, 나쁜 약, 이상한 약

좋은 약, 나쁜 약, 이상한 약

인류는 어떻게 약을 이용해 왔을까?

박성규 글 | 리노 그림

나무를 심는 사람들

여러분에게 약은 어떤 물건인가요?

어린 시절, 저의 꿈은 약을 연구하는 과학자였습니다. 주변 친구들에게 인기 많은 친구들이 너무나 부러웠던 저는 마법 같은 약으로 소심한 성격을 고칠 수 있을 것이라고 생각했거든요. 한편으로는 신약을 개발하는 약학자가 되어 큰돈을 벌고 싶다는 생각에 생물학과 화학을 열심히 공부했습니다. 지금 돌이켜보면 허황된 꿈이었지만, 그 덕분에 청소년 시기를 무사히 보낼 수 있었던 것 같습니다.

그런데 원하던 약학자가 되어 의약품을 연구하고 개발하면서 약이란 인간을 질병으로부터 구해 주는 고마운 물건이라고 생각했지만, 아파서 약을 복용할 때는 좀 다르게 느껴졌습니다. 알려진 만큼 약의 효능이 좋지 못한 경우도 많았고, 약 설명서에 나오지 않는 터무니없는 부작용들을 경험하기도 했습니다. 종종 언론을 통해 의약품 사고들을 접하면서 '약이란 도대체 어떤 존재이기에 많은 사람을 살리기도 하고 동시에 죽게도 만드는 걸까?'라는 의문이 들었습니다. 이런 궁금증을 계기로 이 책을 쓰게 되었습니다.

이 책은 크게 두 부분으로 나뉘어 있습니다. 앞부분에 해당하는 1~3장에서는 약의 과학적인 모습을, 뒷부분에 해당하는 4~6장에서는 약의 사회적인 모습을 소개합니다. 앞부분에서는 우리가 알고 있는 과학적이고 합리적인 약이 인류의 역사 속에서 어떻게 탄생했는지에 대한 이야기를 합니다. 종교와 과학이 분리되지 않은 시대에 믿음 하나만으로 가짜 약이 아픈 환자들을 치유하던 이야기부터 약이 종교에서 분리되어 과학적인 방법으로 발전하는 역사를 다루었습니다. 특히 약이란 다름 아닌 '분자(화합물)'라는 것을 밝혀낸 사건과 약의 원리는 약물이 달라붙는 '수용체(단백질)'에 있다는 '수용체 이론'이 세상에 모습을 드러내기까지 어떤 과정을 거쳤는지를 이야기합니다. 마지막으로 이 이론이 진통제 개발에 어떻게 기여했는지를 들려줍니다.

4장부터는 모호한 성질을 가진 약이 인류사에서 일으킨 좌충우돌 흑역사들을 살펴봅니다. 그 첫 번째 이야기로 치료제와 독약을 같이 처방해 주던 고대 그리스의 약국, 파르마콘에서의 신화적 일화들을 다루었습니다. 이후에는 우리가 치료제라고 믿었던 신약들의 부작용으로 인해 많은 사람이 생명을 잃은 사건들이 등장합니다. 한때 임산부들 사이에서 입덧을 치료해 주는 약이라 일컬어지던 탈리도마이드가 일으킨 대참사에서부터, 일반 진통제로 둔갑한 마약성 진통제 옥시콘틴의 중독성 때문에 미국에서 일어난 끔찍한 사건들까지 약물이 가진 양면적 성격 때문에 일어나는 너무나도 안타까운 일들이 소개됩니다.

약의 역사를 살펴보면 몇몇 제약회사가 신약의 부작용을 교묘히 감추고 혁신적인 치료제로 둔갑시키는 바람에 자신들은 큰 돈을 벌었지만, 어마어마한 인명 피해를 일으킨 참혹한 사건들을 만나게 됩니다. 이런 이야기들은 혁신적인 치료제라는 모습에 현혹된 나머지 우리가 약을 너무 맹목적인 시선으로 바라보고 있는 것은 아닌지 다시 한 번 생각해 보게 합니다. 2천 년 넘는 시간 동안 끊임없이 진화해 온 약 이야기가 여러분에게 조금이라도 흥미 있게 다가가면 좋겠습니다.

사실 이 책에서 던지고자 하는 질문은 단 하나, '약이란 무엇일까?'입니다. 여기에 대한 대답은 상당히 즉각적이고 명확한 듯 보입니다. 일상생활에서 우리는 아프면 어김없이 약을 찾으니까요. 그런데 혹시 약을 병을 치유해 주는 수단으로 너무 맹목적으로 바라보고 있지는 않은가요? 평소 여러분이 생각하는 약이 사실은 어두운 얼굴을 가지고 있다고 상상해 본 적은 없나요? 여러분에게 약이란 몸이 아프면 바로 약장에서 꺼내먹는 단순한 물건이 아니었으면 합니다. 이 책이 여러분에게 약이 가진 다양한 면모를 살펴보고, '약이란 무엇일까?'라는 질문에 대한 답을 찾아보는 계기가 되었으면 합니다.

2022. 8. 약학자 박성규

차례

❺ 약은 언제나 치료제일까?

❻ 약으로만 치료되지 않을 때

● 알아 두면 좋은 의약 상식

옛날 약은
어떤 모습이었을까?

1

약은 어떻게 시작되었을까?

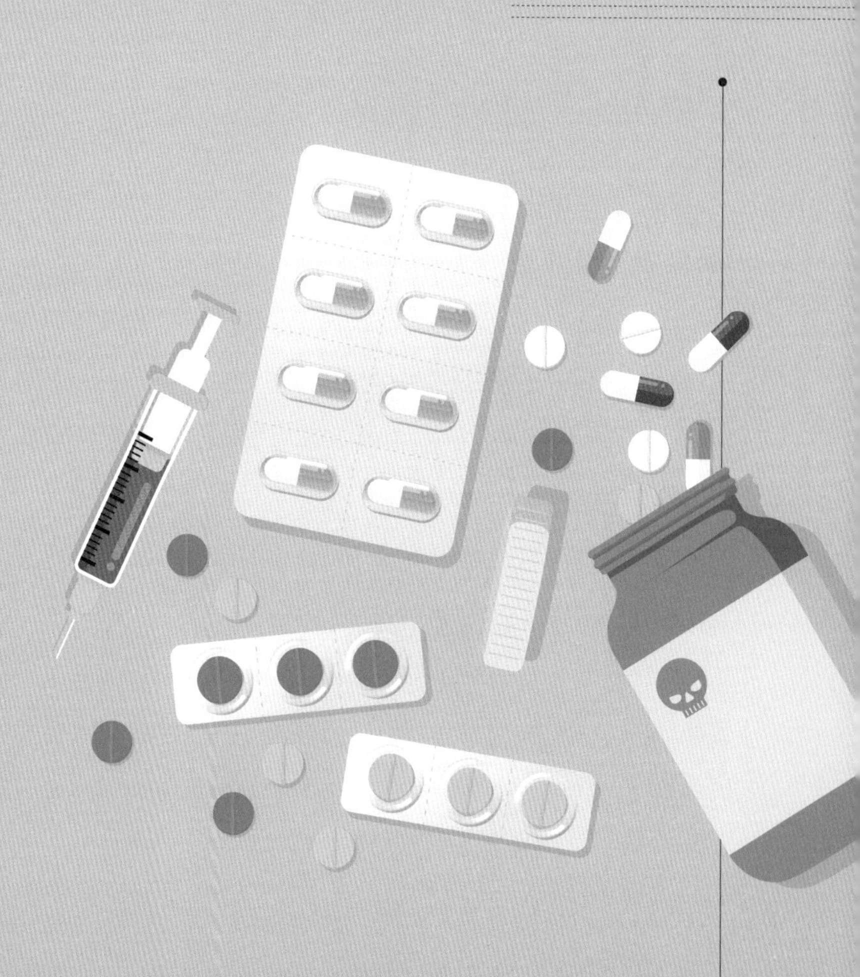

심리적 속임수에서 시작된 약

실제 효과를 몰라 시작된 약의 역사

우리가 일상생활에서 자주 사용하는 속담 중에 '모르는 것이 약이다'라는 말이 있습니다. 감당하기 힘든 사실이나 너무 많은 사실들을 알게 되어 걱정거리를 늘리는 것보다 차라리 아무것도 모르는 것이 낫다는 뜻이죠. 이 속담에는 한 가지 흥미로운 사실이 숨어 있습니다. 바로 '아는 것과 모르는 것' 같은 심리적인 상황이 신체적인 병을 치료하는 약이 될 수 있다는 점입니다. 심리적인 상황과 신체적인 병은 완전히 다른 부류로 보이지만, 실제로는 서로 긴밀하게 연관되어 있습니다.

우리 조상들은 심리적인 상황이 치료에 어떤 역할을 하는지 몰랐지만, 심리적인 상황을 적절히 사용해 병을 고치곤 했습니다. 인류의 문명이 시작되던 기원전 4000년 전쯤, 지금의 서남아

시아 지역인 수메르에서 의사가 사용한 치료제를 살펴볼까요? 그 당시 사용된 약들은 대부분 소금, 우유, 대추, 계피 같은 것들이었습니다. 과학 지식이 거의 없던 고대 사람들은 어떤 물질이 치료 효과를 지니고 있는지에 관한 경험적인 지식이 부족했을 뿐만 아니라, 실제 치료 효과가 있더라도 엄밀한 실험을 바탕으로 약효를 검증할 수단이 없었습니다. 상황이 그렇다 보니 대부분 약들은 실제로 치료의 효과가 거의 없거나 심지어는 독성이 강한 물질인 경우도 있었습니다. 한마디로 가짜 약이었죠.

그런데 이런 가짜 약은 실제로 어느 정도의 치료 효과를 나타내었고, 오랜 시간 동안 탁월한 치료제인 듯 사용되기도 했습니다. 이렇게 우리의 선조들이 '가짜 약인 것을 모르고' 먹기 시작한

<수메르인 사례>

것은 약이 탄생하게 되는 계기를 마련해 주었습니다. 현대에 들어 이런 심리적인 효과들은 과학적으로 연구되었고, 이런 현상을 플라시보 효과라고 부릅니다. 하지만 고대에는 이런 가짜 약들을 진짜 약과 구별할 길이 없었기 때문에 치료에 대한 믿음을 불러일으킬 수가 있었습니다.

효과가 있다고 믿기 시작하면 신체 안에 실제 약을 먹은 것과 비슷한 신경생리학적 변화가 일어납니다. 물론 이런 효과만으로는 골절이나 말기 암 같은 질병은 치유하지 못하지만 통증에는 커다란 효과를 발휘할 수 있습니다. 치료의 효과를 확신하는 뇌에서 통증을 없애 주는 엔도르핀이라는 호르몬이 실제로 분비되기 때문입니다.

이뿐만 아니라 고대 사람들은 주문이나 종교적인 상징을 이용해 치유에 대한 심리적인 믿음을 강화시켰죠. 기원전 5000년 전 고대 메소포타미아의 주술 치료를 예로 들어보겠습니다.

고대 사람들은 병은 악마 같은 초자연적인 존재에 의해 일어난다고 생각했습니다. 메소포타미아 신화에 등장하는 '파주주'가 대표적인 병의 화신이죠. 그래서 당시 치료자들은 병을 치료하기 위해 악마가 싫어할 물질을 치료제로 사용했습니다. 환자에게 개똥을 먹이거나 새의 깃털을 태운 지독한 냄새를 풍기는 연기를 쐬게 했습니다. 또는 환자의 병을 일으킨 악마가 다른 곳으로 떠나도록 동물이나 사람의 모습을 본뜬 주술 인형 등을 쓰기도 했고요.

메소포타미아의 주술 치료에 사용된 주술 인형에는 아주 흥미로운 점이 있습니다. 주술 인형은 몸에 투여되는 약이라기보다 종교적 상징이라는 점입니다. 이처럼 고대에서는 종교적인 상징을 치료 방법으로 흔히 사용했습니다. 고대 이집트의 치료자들은 먹을 수 있는 잉크로 치유의 주문을 쓴 다음 특수한 용액에 녹여 먹이거나, 환자가 약을 복용할 때 치료자들이 치유의 주문을 읊었죠. 상황이 이렇다 보니, 고대에서 병을 치료하는 의사들은 상당수가 종교 사제인 경우가 많았습니다. 요즘 시대에도 현대 의학이 치료할 수 없는 병을 앓는 환자들은 무당의 굿이나 목사의 안수 기도를 받기도 합니다. 이런 상황극을 통해 심리적인 힘을 얻어 간혹 병이 호전되기도 하죠.

파주주는 바람의 수호신 또는 악령으로,
바람과 함께 열병을 몰고 온다고 한다.

지금부터 본격적으로 인류가 치료에 사용해 온 가짜 약들을 한번 살펴보려고 합니다. 고대의 약은 심리적인 믿음을 불어넣기 위해 환상을 불러일으킬 만한 형상이나 색깔을 지닌 경우가 많았습니다. 특히 생명의 상징인 피를 나타내는 강렬한 붉은색을 띠는 경우가 많았죠. 지금부터 약과 관련한 신화적인 이야기를 시작해 볼까요?

진시황을 유혹한 수은 단약

우리는 아프면 병원에 가서 약을 처방받은 다음, 약국에 가서 여러 색과 생김새를 가진 약을 받아 복용합니다. 사실 오늘날 처방되는 알약의 생김새와 색깔에는 오랜 세월 우리 조상들이 알게 모르게 사용해 온 강렬한 플라시보 효과가 숨어 있습니다. 알약의 생김새와 색깔이 환자에게 어떤 플라시보 효과를 줄 수 있을까요?

일단 알약의 색깔은 다양한 방식으로 심리적 효과를 불어넣어 줍니다. 노란색 알약은 우울증을 완화시켜 주고, 녹색 알약은 심리적인 긴장감을 해소시켜 줍니다. 붉은색 알약은 지친 정신을 깨워 주고 기력을 불어넣죠. 흰색 알약은 좀 특이합니다. 단순히 심리 상태를 넘어 소화 장애를 해결하는 데 효과를 준다고 하죠.

그럼 알약의 생김새는 어떤 심리적인 효과를 줄까요? 특정한 심리적인 상태의 변화보다 플라시보 효과의 크기를 바꿀 수 있습니다. 약의 크기가 커질수록 플라시보 효과 역시 커집니다. 특히 알약 위에 상품명이나 로고가 찍혀 있을 때도 플라시보 효과가 커지죠.

동서고금을 막론하고 인류는 알약의 생김새와 색깔을 변형시켜 환자들의 병을 고쳐 왔습니다. 여기에는 두 가지 예가 있습니다. 첫 번째는 진시황의 불로불사약이고, 두 번째는 고대 그리스의 테라 시길라타라는 약입니다. 둘 다 생명력을 자극하는 색깔과 생김새로 오랜 세월 동안 인류를 현혹시켜 왔습니다. 먼저 진시황의 불로불사약을 살펴볼까요?

중국 대륙을 최초로 통일한 진시황은 영원히 늙지 않고 죽지

붉은색 염료나 약재, 수은의 재료로 사용되는 광물 진사. 진한 붉은색을 띠며 다이아몬드 같은 광택이 있다.

도 않기 위해 진사로 만든 불로불사약을 먹은 것으로 알려져 있습니다. 그런데 이 불로불사약은 어떤 약이었을까요?

진사로 만든 이 약의 주요 성분은 사실 수은이었습니다. 수은은 독성이 강한 물질입니다. 오랜 기간 복용하면, 수은 중독으로 목숨을 잃게 되죠. 하지만 이 사실이 알려지지 않았던 당시에는 매력적인 색상과 독특한 금속의 성질로 당시 의사들과 진시황의 눈길을 끌었습니다. 진사의 색깔은 혈액과 같은 붉은색입니다. 그렇다 보니 진사라는 물질에 영혼과 생명력이 농축되어 있다고 믿었습니다. 수은의 회색빛에도 생명력이 깃들어 있다고 생각했습니다. 생명의 씨앗인 정액과 색이 비슷하기 때문이죠.

진사와 수은의 매혹적인 면은 색깔에만 그치지 않습니다. 진사는 황과 수은이 결합된 물질로, 진사를 가열하면 수은이 분리되어 나옵니다. 이렇게 얻은 수은을 다시 황과 고온에서 반응시키면, 황화수은이 얻어지죠. 이렇게 물질이 연소를 통해 순환하는 과정은 현대 과학의 눈으로 보면 하나의 자연현상에 불과합니다. 하지만 이런 모습은 고대 중국인들에게 부활과 탄생, 즉 순환하는 종교적 구원의 느낌을 강하게 불어넣었습니다. 연소를 통해 서로의 모습으로 무한 재생이 가능한 영원불멸의 물질로 보였기 때문입니다.

보통 어떤 물질이나 생명체를 불로 태우는 과정은 완전한 죽음을 의미합니다. 사람이 죽으면 화장을 해서 시체의 모습을 완전히 소멸시키죠. 생명체가 아니더라도 연소에 의해 많은 물질이 이전의 모습과 기능을 상실합니다. 하지만 금속을 연소시키면 전혀 다른 특징이 나타납니다. 뜨거운 온도에서 금속은 녹거나 여러 물질로 분리되기도 하거든요.

진시황은 49세의 나이로 생을 마감합니다. 중국이라는 나라를 처음 통일한 황제로 몸에 좋다고 알려진 약들은 모두 먹었지만, 자신이 불로불사의 약이라고 믿은 수은과 진사가 생명을 단축시킨 것이죠.

진시황의 불로불사약은 독약에 가까운 약이었지만, 위험성이 과학적으로 밝혀지기 전까지 오랜 시간 인류에게 많은 사랑을 받았습니다. 고대부터 축적된 중국의 의학 지식은 우리나라에도 알려졌고, 허준은 이를 바탕으로 우황청심원을 만들 때 주요 성분으로 진사를 넣기도 했습니다. 그러다 진사의 독성이 밝혀지면서 우황청심원에서 빠지게 되었죠. 이처럼 플라시보를 기반으로 만들어진 약은 오랜 세월 동안 약의 역사에서 상당 부분을 차지했습니다.

의학자들을 홀린 붉은색 흙

진시황의 불로불사약이 동양에서 오랜 시간 인류를 현혹시킨 약이라면, 서양에는 어떤 가짜 약이 있었을까요? 바로 고대 그리스에서부터 사용된 만병통치약 '테라 시길라타(Terra Sigillata)'입니다. 진시황의 불로불사약의 주요 성분은 진사였죠? 그럼 테라 시길라타의 주요 성분은 무엇이었을까요? 바로 붉은색 흙입니다. 테라 시길라타는 피를 연상시키는 새빨간 흙을 동그랗게 뭉친 뒤 문양을 새겨 넣은 알약입니다. 테라는 흙을, 시길라는 무늬를 뜻합니다.

고대 그리스의 의사들은 그리스의 셀 수 없이 많은 섬 가운데에서도 붉은 핏빛을 띤 렘노스섬의 흙을 약으로 사용했습니다.

중독에서부터 피부병에 이르기까지
광범위한 질병에 사용된 약 테라 시길라타

이 흙은 붉은색만으로도 탁월한 치유 효과를 나타내었나 봅니다. 하지만 치료자들은 이런 치유 효과가 어디에서 비롯되는지 제대로 설명할 길이 없었는지, 오랫동안 전해 내려오던 신화를 곁들이기 시작했습니다. 바로 그리스 신화 속 헤파이스토스 이야기였죠.

헤파이스토스는 대장장이와 불의 신입니다. 그의 부모님은 아주 높은 신들로, 아버지는 제우스, 어머니는 헤라입니다. 이런 헤파이스토스에게 렘노스섬과 깊은 인연이 생깁니다. 바로 제우스와 헤라의 부부 싸움 때문이었죠. 제우스의 바람기 때문에 화가 난 헤라가 제우스와 말다툼을 벌였는데, 눈치 없던 헤파이스토스가 헤라 편을 듭니다. 이에 화가 난 제우스의 발길에 걷어차인 헤파이스토스는 하늘에서 렘노스섬으로 추락했죠. 그는 걷어차여 다리뼈가 부러졌지만 렘노스섬에 닿으면서 치유되었다고 합니다. 렘노스섬은 제우스 아들의 상처를 고쳐 준 장소였고, 그런 곳을 덮고 있는 흙이라면 어떤 병도 고칠 수 있는 신성한 기운이 느껴졌을 것 같습니다.

신화로만 약의 신비한 효험을 설명하기에 아쉬웠나 봅니다. 후대 사람들은 렘노스섬에서 종교 의식을 열었습니다. 염소를 신에게 제물로 바치고, 염소 피를 땅에 뿌리면서 질병과 액운이 없어지기를 신에게 빌었죠. 종교 의식이 끝나면 흙을 알약으로 만들어 병자들에게 나누어 주곤 했습니다. 붉은색 알약의 표면에는 염소 무늬가 새겨져 있었습니다. 무늬를 뜻하는 시길라는 여기에서 비롯된 것입니다.

테라 시길라타는 정말 효과가 좋은 약이었을까요? 고대 로마의 의사 갈레노스의 기록에 따르면, 렘노스섬 흙은 치료 효과가 정말 뛰어났다고 합니다. 의학적으로 쓰임새가 상당히 많았는데 뱀에 물렸을 때는 해독제로, 눈에 염증이 생겼을 때는 안약으로 사용했다고 합니다. 임산부의 무통 분만에도 사용하고, 식초와 같이 먹여 메스꺼움과 출혈을 멈추게 한다는 기록도 있죠. 설사약으로도 사용할 수 있고요. 이 정도로 다양한 효능을 지닌 약이라면 모든 병을 고친다는 소위 '만병통치약' 아닐까요?

렘노스섬에서 나온 흙에 진짜 치유 효과가 있었을까요? 다른 곳의 흙과 마찬가지로 별다른 효과는 없었습니다. 하지만 신화와 함께 신성한 종교 의식의 흔적이 담긴 알약의 무늬는 치유의 힘을 불어넣었습니다.

하지만 이후에도 오랫동안 의약학자들은 테라 시길라타를 만병통치약으로 만들려는 시도를 거듭했습니다. 서양에서는 아편을 테라 시길라타와 섞어 만든 약을 18세기까지 사용했습니다. 아편으로 병은 고치지 못하지만, 통증은 없앨 수 있습니다. 통증이 사라지면 대부분의 환자들은 병이 치유되었다고 생각하게 되죠. 종종 우리 몸이 가진 자연 치유력에 의해 치유되기도 하고요. 그러다 보니 가짜 약에 불과한 테라 시길라타는 아편과 같이 오랜 시간 명약으로 승승장구했습니다.

플라시보 효과를 바탕으로 한 약들이 인류의 역사에서 사라지기까지는 상당히 오랜 시간이 걸렸습니다. 1800년대 말이 되어서야 점차 사라지기 시작했으니까요. 특히 근대 과학의 발전은 이런 가짜 약들을 사라지게 하는 데 중요한 밑거름이 되었습니다. 우리가 지금 사용하는 약들은 심리적인 효과와는 전혀 무관하게 치유의 효과가 있는 '과학적인 약'입니다. 인류는 과학 발전을 통해 어떻게 지금의 의약학을 이룩하게 되었는지 지금부터 알아보겠습니다.

재미있는 약 이야기 ❶ 만병통치약이 정말 있을까?

연금술사들은 미라 가루를 '고농축 약제'라고 주장했어.
17세기에도 영국에서는 미라 가루가 약국에서 일상적인 약으로 팔렸다고 해.

16세기에서 18세기까지 유럽에서는 없어서 못 팔 정도였어. 그래서 미라 가루가 부족해지는 바람에 사막에서 여행하다 죽은 시신이나 해부 실습용 시체로 만들기도 했다는구나.
스윽-
후덜덜-
그런데 미라 가루에 약효가 있었어요? 혹시 진짜 만병통치약이었어요?

그럴 리가! 최근 미라 가루를 분석해 보니 산화된 시체의 피부 조직, 붕대 일부, 방부제로 사용한 밀랍 등으로 되어 있었대.
붕대
밀랍

다행히 우리 몸에 큰 해를 끼치지 않아 오랫동안 만병통치약으로 사용될 수 있었다는구나.

어, 삼촌이 주신 게 만병통치약인가 봐요. 배가 다 나았어요! 현대의 기술로 만병통치약을 만들어 냈군요? 역시!

이건 설사할 때 먹는 약이라고! 방금 만병통치약이 얼마나 허무맹랑한지 설명해 줬건만! 어이구, 머리야! 이럴 때 먹는 약은 없나?
...
헉!
아이고

과학적 약은

어떻게 발전해 왔을까?

2

'분자'로 이루어진 약

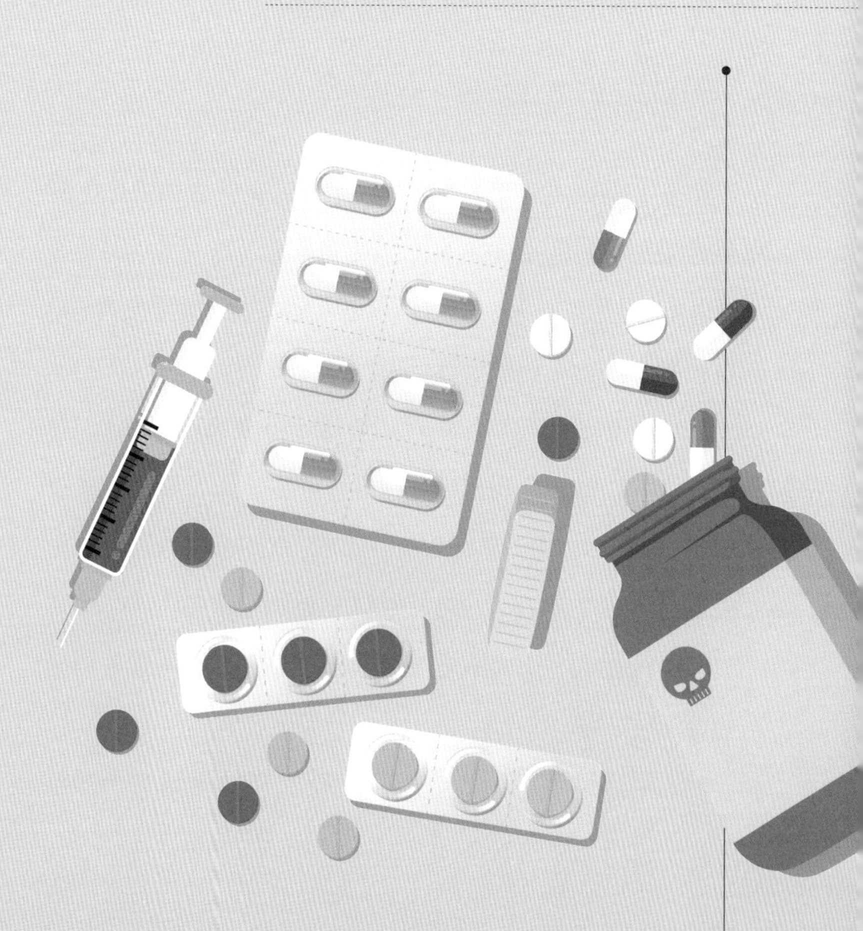

인류 최초의 화합물 '모르핀'

아편에서 분리한 모르핀

앞에서 테라 시길라타에 아편을 섞기도 했다고 이야기했죠? 이런 약은 아편의 강력한 진통 효과 덕분에 모든 병을 치료하는 만병통치약으로 여겨졌습니다. 그런데 인류는 얼마나 오래전부터 아편을 사용해 왔을까요?

사실 아편을 만드는 법은 꽤 간단해서 아주 오래전부터 사용되었습니다. 덜 익은 양귀비 열매에서 나온 즙을 굳혀 말린 물질이 바로 아편이거든요. 몇몇 역사학자는 문명이 시작되기 이전인 선사 시대부터, 그러니까 술보다 먼저 아편을 사용했다고 보기도 해요. 술의 주요 성분인 알코올을 만들 때 필요한 발효 기술이 필요하지 않으니까요.

이렇게 인류가 진통제로 오랫동안 요긴하게 사용해 온 아편의 정체가 드러난 것은 19세기 초의 일입니다. 독일의 약사 제르튀르너가 1805년 아편에서 모르핀이라는 단일한 성분의 화합물을 분리해 냈거든요.

사실 아편에서 모르핀이 추출되어 단일 화합물 형태의 약으로 사용되기 전까지 과학자들 또한 약의 치료 효과가 약초 안에 있는 정령이나 생명력에서 비롯된다고 생각했습니다. 특히 중세의 연금술사들은 자연계의 모든 물질에는 영혼이 스며 있다고 믿고, 물질에서 영혼을 추출해 만병통치약을 만들려고 노력했죠. 이때 사용한 플라스크나 반응 물질을 농축시키는 증류기 같은 실험 도구들은 지금도 여전히 사용되고 있습니다.

1618년 런던에서 출판된 책에 나온 그림으로, 덜 익은 양귀비 열매에서 즙을 받는 모습

독일의 약사이자 화학자 제르튀르너도 연금술에 뿌리를 둔 화학의 여러 기법들을 잘 알고 있었습니다. 그는 아편에서 모르핀을 뽑아내기 위해 여러 가지 연금술 기법 가운데 산-염기 추출법을 택했습니다. 아편에서 신맛 대신 쓴맛이 강하게 났기 때문입니다. 당시 산과 염기에 대한 성질들이 밝혀지고 있었는데, 신맛이 나는 레몬에서는 구연산, 포도에서는 타타르산 같은 산성이 높은 물질들이 추출되었죠. 제르튀르너는 미지의 물질이 쓴맛을 갖고 있다는 점에서 기존에 밝혀진 산성 물질과는 다른 특성이 있을 것이라고 직감했습니다.

제르튀르너는 우선 미지의 물질을 추출하기 위해 아편을 염산 수용액에 담갔습니다. 그랬더니 아편 속 미지의 물질이 산성 조건의 수용액에서 용해되었습니다. 그런 다음 용해되지 않은 물질들을 수용액에서 제거하고 염기성이 강한 암모니아를 섞었습니다. 그랬더니 미지의 물질이 침전을 일으켰고, 제르튀르너는 이 물질을 채취해 공기 중에 말렸습니다. 제르튀르너는 이런 방식으로 아편에서 미지의 유효 성분을 분리해 냅니다.

제르튀르너는 분리한 물질의 약리 활성을 직접 시험해 본 뒤, 이 물질이 아편보다 훨씬 강한 활성을 나타내는 것을 발견합니다. 그런데 어떻게 이런 사실을 알아냈을까요?

제르튀르너는 먼저 실험실 주변을 방황하는 쥐와 개를 잡아이 물질을 투여해 보았습니다. 그리고 친구 세 명과 자기 자신에게도 실험을 합니다. 실험 결과, 그는 이 가루에도 아편 같은 진통 효과와 진정 효과가 있다는 것을 직접 확인했습니다. 하지만 아편보다 효과가 훨씬 강하게 나타났습니다. 추출물을 투여하자 쥐와 개는 죽고, 한 친구는 혼수 상태에 빠졌으니까요.

아편에서 분리된 흰색 가루는 당시로서는 비범한 물리적 형태와 화학적 성질을 지니고 있었습니다. 가루를 자세히 살펴보니, 가루의 입자들이 어떤 기하학적인 결정을 이루고 있었습니다. 물질을 이루고 있는 분자들이 특정한 배열을 이루고 있는 것이죠. 마치 겨울에 내리는 눈이 아름다운 육각형이나 기둥 형태의 결정을 갖는 것처럼요.

그뿐만이 아니었습니다. 염산이나 황산 같은 산성 용액에 넣으면 완전히 녹았지만 물에 넣으면 거의 녹지 않고 바닥에 가라앉았습니다. 현대 화학에서는 이렇게 산성 용액에 녹는 물질을 '염기성'이라고 부릅니다. 발견될 당시에는 염기성 물질을 '알칼리'라고 불렀는데, 약학자들은 이런 화학적 성질을 갖는 화합물들을 총칭해 '알칼로이드'라는 이름을 붙였습니다.

제르튀르너의 발견은 약의 정의에 새로운 획을 그었습니다. 이제 초월적인 정령 같은 신비한 존재는 약학에서 더 이상 설 자리를 잃어버렸죠. 제르튀르너는 자신이 발견한 결정 상태의 화합물에 모르폴로지(morphology)라는 이름을 붙입니다. 괴테의 문학과 철학을 좋아해서 괴테가 자연철학 용어로 애용하던 '꿈의 형상'이라는 뜻의 모르폴로지를 쓴 것이죠. 이후 여러 우여곡절 끝에 우리가 알고 있는 모르핀이라는 이름으로 알려지게 되었습니다. 보통 모르핀이라는 이름은 제르튀르너가 꿈의 신인 모르페우스(Morpheus)에서 딴 것이라고 하는데, 이는 잘못 알려진 이야기입니다.

약의 비약적인 발전

인류가 오랫동안 진통제로 요긴하게 사용해 온 아편으로부터 유효 화합물인 모르핀을 분리해 낸 사건은 '약이란 무엇인가'라는 인식만 바꾼 것은 아닙니다. 그때까지는 같은 무게의 아편을 환자에게 투여하더라도 진정 효과의 차이가 50배에 이르곤 했습니다. 그런 부작용으로 인해 환자들이 종종 혼수상태에 이르기도 했고, 심지어 호흡을 멈추고 사망한 경우도 있었죠. 이는 아편에 함유된 모르핀의 양이 양귀비를 재배하는 환경에 따라 달라진다는 것을 몰랐기 때문입니다.

하지만 모르핀 추출 이후에는 무게로 규격화해서 환자에게 정확한 양을 투여하는 것이 가능해졌습니다. 동일한 양의 흰색 가

19세기 중반 모르핀 중독자들의 모습 (폴 알베르 베스나르의 그림 <모르핀 중독자들>)

루는 동일한 진정 효과와 진통 효과를 나타냈기 때문이죠.

지금은 중독성 문제로 모르핀을 일상에서 손쉽게 사용하지 못하지만, 모르핀의 발견은 현대 약학에 커다란 공헌을 했습니다. 우리가 먹는 알약에는 약리 활성을 나타내는 유효 성분이 정확한 양으로 들어 있습니다. 덕분에 지금 약국에서 파는 약들은 순수한 단일 분자로 정제된 것들로, 정해진 복용량을 먹을 때 원하는 효과를 낼 수 있습니다.

최초의 합성약, 아스피린

유기 물질을 합성한 뵐러

아편에서 모르핀을 추출해 낸 이후 과학자들은 무생물체와 생명체 모두 분자로 이루어져 있다는 것을 받아들이긴 했지만, 여전히 생명체를 이루는 분자와 무생물을 이루는 분자는 본질적으로 다르다고 믿었습니다. 생명체를 이루는 분자들의 결합에 무생물에는 없는 신비한 힘이 관여한다고 생각한 거죠. 신비주의에 바탕을 두고 무생물과 생명체 사이의 차이를 주장한 이론을 '생기론'이라고 합니다.

하지만 곧 생기론도 독일의 화학자 프리드리히 뵐러에 의해 종말을 맞이합니다. 뵐러는 살아 있는 동물의 몸속에서만 합성된다고 믿던 '요소'를 실험실에서 인공적인 화학 반응으로 합성하는 데 성공합니다. 요소는 인간을 비롯한 동물의 배설물인 오줌의 주요한 성분으로, 암모니아와 함께 화장실에서 맡을 수 있는 지린내를 만들어 내는 주인공이기도 합니다. 뵐러는 무생물에서만 얻을 수 있는 무기 화합물인 산화시안산과 암모니아를 혼합해 요소를 화학적으로 합성했습니다. 이 일은 당시에는 과학 혁명에 해당하는 엄청난 사건이었습니다.

뵐러의 발견으로 유기 화합물의 정의가 현대적으로 바뀌면서 약의 역사에서 다시 한 번 획기적인 인식의 전환이 일어납니다. 그 뒤로 약학자들은 인공적으로 합성한 약을 대량으로 만들어 환자들에게 저렴한 가격으로 제공했습니다. 그리고 자연에 존재하지 않는 구조를 가졌지만, 부작용이 적으면서도 효능이 뛰어난 약의 개발에 뛰어들었습니다.

버드나무 껍질에서 살리실산을 추출하다

이렇게 구조를 변형시켜 새롭게 탄생한 약 가운데에는 우리에게 익숙한 아스피린이 있습니다. 아스피린은 버드나무에서 발견되는 유효 화합물인 살리실산(salicylic acid)의 분자 구조를 개선해서 만들어진 약입니다. 버드나무는 양귀비의 아편만큼이나 오래전부터 진통제로 사용되어 온 약초입니다. 약으로 유용하게 사용된 식물 안에는 약리적인 활성을 갖는 유효 화합물이 들어 있는데, 특히 버드나무 껍질에는 소염 진통에 효과를 가진 살리실산이 들어 있죠.

사실 인류는 오랫동안 '약의 효과는 분자인 화합물에 있다'라는 지식 없이도 말린 버드나무 껍질을 끓인 물을 소염 진통제로 사용해 왔습니다. 버드나무 껍질을 소염제로 사용하기 시작한 건 고대 이집트 때로, 이집트 사람들은 버드나무 껍질에 관한 내용을 파피루스에 남겼습니다. 고대 이집트의 의학 지식은 지중해로 전파되었고, 합리적 의학의 시작이라고 평가되는 고대 그

리스의 히포크라테스 역시 버드나무 껍질을 약초로 사용했습니다. 그러다가 19세기 초에 이르러, 화학자들은 버드나무 껍질에서 살리실산이라는 분자를 분리하고 분자 구조를 밝혀 냅니다.

먼저 살리실산의 분자 구조를 살펴볼까요? 살리실산은 탄소(C), 산소(O) 그리고 수소(H) 같은 여러 개의 원자들로 이루어져 있습니다. 원자들은 분자 구조 안에서 원자 기호로 나타나고 각각의 원자들은 선으로 연결되어 있는데, 이것은 원자 사이에 결합이 있다는 뜻입니다.

진통 효과를 가진 살리실산은 신비스러운 모습을 가지고 있을 것 같았지만 당시 알려진 일반적인 분자들과 별다를 것이 없었습니다. 이제 생기론은 더 이상 설 자리를 잃었고, 이를 계기로 힘을 얻게 된 화학자들은 살리실산과 같은 구조의 분자를 인공적으로 합성하기 시작했습니다.

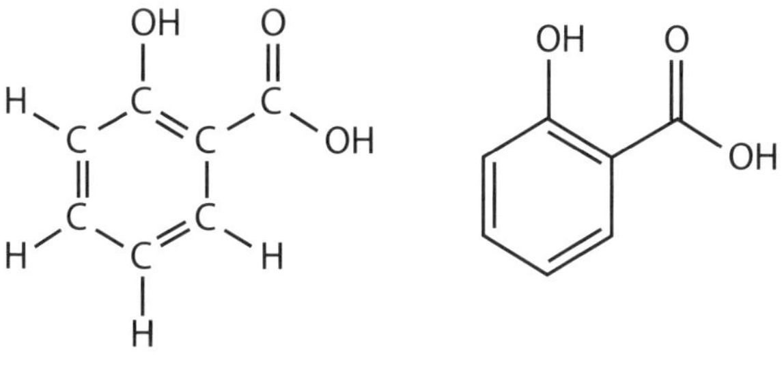

살리실산의 분자 구조. 원소 기호가 생략된 꼭지점마다 있는 탄소는 흔히 생략된다.

대량 합성되기 시작한 살리실산

버드나무에서 살리실산이 발견되자 사람들은 버드나무 껍질 대신 추출된 살리실산을 복용하기 시작했습니다. 살리실산을 찾는 사람들이 계속 늘어나자, 살리실산이 점점 부족해지기 시작했죠. 당시 재배할 수 있는 버드나무의 양에는 한계가 있었으니까요.

문제가 있으면, 해답도 있기 마련입니다. 당시 화학자들은 화학 합성이라는 방법을 통해 살리실산의 부족 문제를 해결했습니다. 1859년, 독일의 화학자 헤르만 콜베가 버드나무 껍질에서만 추출되던 살리실산의 화학적 합성법을 알아낸 것입니다. 콜베는 어떻게 살리실산을 화학적으로 합성했을까요? 그것도 당시의 수요를 만족시킬 만큼 대량으로 말이죠.

처음에 콜베는 '페놀'을 강한 염기성 조건에서 이산화탄소와 반응시켜 살리실산을 얻었습니다. 이산화탄소가 페놀과 결합해 살리실산이 되었던 것이죠. 그런데 문제가 있었습니다. 이 반응에서 생성되는 살리실산의 양이 너무 적었던 것입니다.

얼마 지나지 않아 독일의 화학자 슈미트가 살리실산의 생산량을 늘릴 수 있는 최적인 압력(고압)과 온도 조건(고온)을 찾아냈습니다. 두 사람의 이름을 따 이 합성 반응의 이름을 콜베-슈미트 반응이라고 부릅니다. 살리실산의 효율적인 합성 경로를 제시한 콜베-슈미트 반응 덕분에 살리실산의 부족 문제를 해결할 수 있었죠.

하지만 여전히 살리실산을 합성할 페놀이 부족해 대량으로 생산하기 어려웠습니다. 그러던 중 독일 과학자 룽게가 유용한 해결책을 내놓습니다. 바로 석탄 찌꺼기인 콜타르의 주요 물질인 아닐린을 페놀로 변형시키는 것이었죠.

다행히 독일에는 많은 양의 콜타르가 있었습니다. 산업 혁명이 한창이던 유럽에서는 석탄을 이용해 엄청난 수의 증기 기관과 방직기를 돌렸으니까요. 룽게의 발견 이전까지 사용하고 남은 석탄, 즉 콜타르는 재활용할 방법이 없어 버려지는 쓰레기였습니다. 그런데 콜타르로 살리실산을 공장에서 대량 합성을 하는 게 가능해졌고, 덕분에 가격은 버드나무에서 추출한 살리실산 가격의 10분의 1 수준으로 떨어졌습니다.

살리실산을 변형해 합성한 약, 아스피린

그런데 대량 생산된 살리실산에 커다란 문제가 있었습니다. 바로 소화 기관에 나타나는 부작용이었죠. 살리실산은 진통제로는 약효가 있었지만 극심한 위통과 구역질을 일으켰고, 맛이 너무 강한 탓에 장기간 복용하는 일이 쉽지 않았습니다.

이에 제약회사 바이엘에서 연구원으로 일하던 호프만은 살리실산의 분자 구조를 이용해 부작용이 적은 진통제를 만드는 연구에 착수했습니다. 관절염을 앓던 아버지가 살리실산을 먹은 뒤 갖게 된 위장 장애를 줄여 주기 위해서였다고 하죠.

호프만은 살리실산의 강한 산성이 위통의 원인이라 판단하고, 처음에는 살리실산의 산성도에 영향을 주는 부분의 화학적 구조를 변형시켜 새로운 화합물을 만들려고 했습니다. 살리실산의 분자에는 두 개의 기능기가 붙어 있는데, 하나는 카르복실기이고 또 다른 하나는 하이드록실기입니다. 그런데 호프만은 살리실산에서 산성을 띠지 않는 하이드록실기를 아세트산의 카르복실기와 반응시켜 아세틸기로 변화시킵니다. 새롭게 탄생된 아세

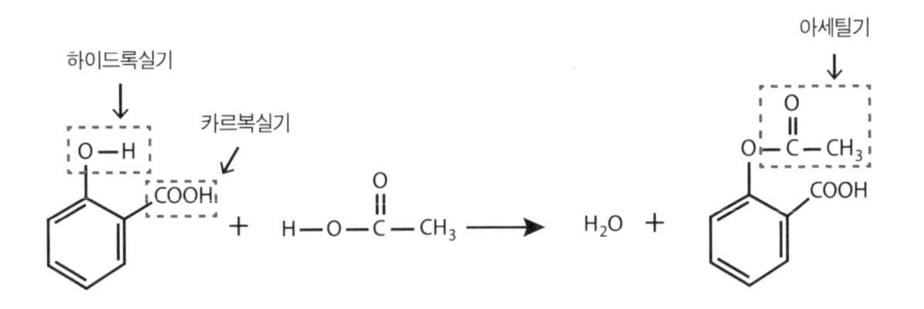

살리실산을 식초(아세트산)에 넣고 끓이면 아스피린이 얻어진다.
아세틸화(acetylation)라고 불리는 이 반응을 통해 살리실산의 부작용을 크게 줄일 수 있었다.

틸살리실산 즉 아스피린은 소염 진통 작용을 유지하면서도 부작용은 크게 줄었습니다.

그런데 호프만은 왜 산성을 띠는 카르복실기 대신 하이드록실기를 변형했을까요? 첫 번째 이유는 살리실산 구조의 일부를 차지하는 페놀의 독성을 제거하기 위해서였습니다. 페놀은 부식성이 강하다 보니, 피부 조직에 있는 세균을 박멸하는 데 주로 사용하던 약이었습니다. 부식성이 강하다 보니 피부 감염에만 사용되었고, 먹는 약으로는 사용되지 못했죠. 살리실산이 소화 기관에서 부식성이 강한 물질로 변형되어 속쓰림과 구역질이 일어난다고 생각한 호프만은 산성을 띠는 카르복실기 대신 하이드록실기의 구조를 변형시킵니다. 살리실산이 몸속에서 페놀이 아닌 다른 구조로 분해되도록 말이죠.

두 번째 이유는 호프만이 아스피린을 합성할 당시의 분위기 때문입니다. 당시 의약화학자들은 아세틸화 반응이 화합물의 독성이나 부작용을 완화시키는 데 상당히 유용하다고 여겼거든요. 하지만 지금은 약물의 부작용을 없애 주는 만능 화학 반응은 세상에 없다는 것을 화학자라면 누구나 알고 있답니다.

아스피린이 개발된 지 한 세기가 지난 지금도 아스피린은 가장 많이 팔리고 있는 합성약입니다. 한 해 동안 생산되는 양이 무려 5만 톤이나 된다고 합니다. 이건 작은 항공 모함의 무게에 해

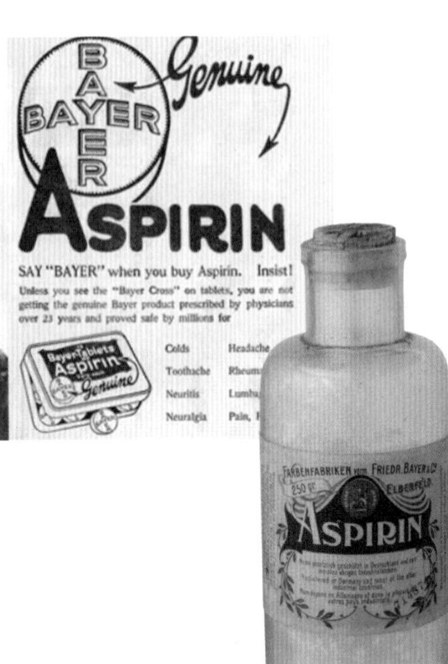

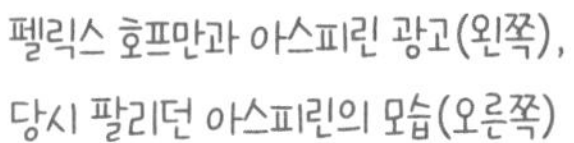

펠릭스 호프만과 아스피린 광고(왼쪽),
당시 팔리던 아스피린의 모습(오른쪽)

당합니다. 이 정도의 아스피린을 합성하기 위해 버드나무에서 살리실산을 지금까지 추출해 왔다면, 버드나무라는 식물은 지구상에서 씨가 말라 버렸을 것입니다. 의약의 역사에서 화학 합성은 이렇게 많은 사람에게 치료제가 보급될 수 있도록 도움을 주기도 하고, 좀 더 성능이 좋은 약을 개발하는 데에도 쓰였습니다.

모르핀의 발견과 아스피린의 합성은 '약이란 무엇인가'에 대한 인식을 과학적인 방식으로 바꾸어 준 계기가 되었습니다. 모르핀의 발견으로 약초에서 약리 활성을 일으키는 것은 비물질적인 영혼이 아니라 물질의 기본 단위인 분자(화합물)에 있다는 것을 알게 되었습니다. 그리고 아스피린의 인공적인 합성으로 생명체에서 발견되는 화합물도 인공적으로 합성이 가능하다는 것을 깨닫게 되었고요. 특히 약을 필요로 하는 인류에게 대량으로 공급하게 된 첫 번째 단추가 되었습니다.

재미있는 약 이야기 ❷ 약은 많이 먹을수록 좋을까?

제르튀르너는 이 흰색 가루에는 어떤 약효가 있는지 실험해 보고 싶었어. 그래서 주변에 있던 쥐와 개에게 가루를 먹여 보았는데 글쎄, 잠이 들었다가 죽고 말았대.

이게 아닌데…

꽥

그런데도 제르튀르너는 멈추지 않고 사람을 대상으로 시험을 했어. 자기를 포함한 네 사람이 이걸 45분 간격으로 세 번이나 먹었어. 이 양은 지금의 하루 최대 복용량보다 10배가 넘는 엄청난 양이야.

제르튀르너는 간신히 깨어났는데, 한 친구는 아무리 깨워도 안 일어나서 구토제를 먹여 간신히 깨울 수 있었어. 그래도 며칠이 지나서야 정신을 차렸대.

흔들

흔들

일어나게!

약에도
원리가 있다고?!

3

약은 어떤 원리로 병을 치료할까?

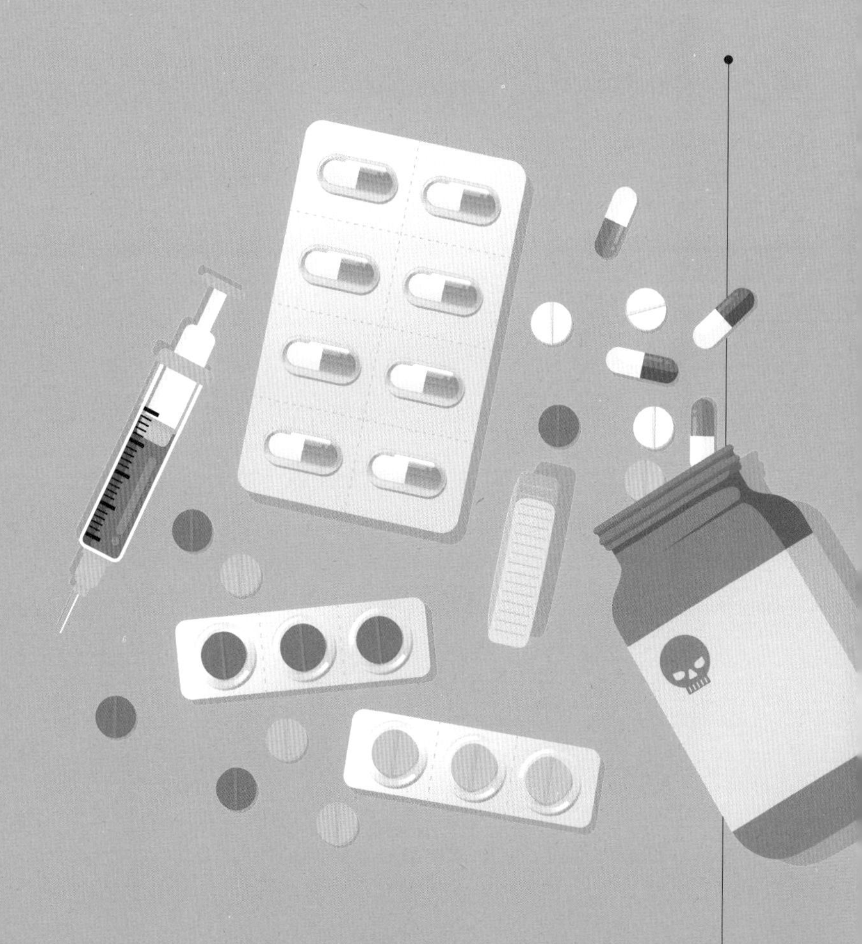

인류에게 약의 원리를 가르쳐 준 항생제

인류와 매독의 역사

2019년 겨울부터 코로나 바이러스가 전 세계로 급격히 번지기 시작하면서 하루에도 수만 명이 넘는 사람들이 목숨을 잃었습니다. 정말 무서운 재앙이죠. 하지만 코로나 바이러스는 인류를 강타한 첫 번째 전염병이 아닙니다. 코로나 이전에도 높은 전파력과 치사율로 인류를 위협한 전염병들이 많이 있었습니다. 콜레라, 장티푸스, 한센병, 매독 같은 질병이 여기에 속합니다.

이런 전염병들은 우리에게 낯설지 않습니다. 지금도 인류가 박멸하지 못한 전염성 강한 질병이기 때문입니다. 아직도 매년 많은 사람이 콜레라와 장티푸스로 인한 식중독으로 힘든 여름을 보내곤 합니다. 성관계 때 전염되는 매독도 마찬가지입니다. 하지만 코로나 바이러스만큼 크게 염려하는 사람들은 없습니다.

다양한 종류의 치료제가 이미 개발되어 있기 때문이죠.

인류는 오랫동안 수많은 종류의 전염병과 싸워 왔습니다. 이 가운데서도 매독이라는 질병이 의약학에서 갖는 의미는 독보적입니다. 인류가 최초로 세균을 겨냥해 만든 항생제가 바로 매독 치료제였기 때문입니다. 그런데 매독이라는 질병은 어떻게 세상에 모습을 드러냈을까요? 그리고 매독의 원인에 대한 생각은 어떻게 변해 왔을까요?

매독은 지금으로부터 500여 년 전, 아메리카에서 스페인으로 돌아오는 콜럼버스의 배를 타고 유럽으로 퍼진 것으로 알려져 있습니다. 불행히도 매독에 감염된 환자가 귀항선에 타고 있었

던 것이죠. 그리고 15세기 말부터 16세기 사이 프랑스와 스페인, 신성로마제국 사이에서 벌어진 '이탈리아 전쟁'을 통해 유럽 전역으로 퍼집니다. 아마 콜럼버스의 귀항선을 타고 온 매독 환자가 군인으로 참전했을 것으로 추측됩니다. 이후 매독은 유럽 전역에서 전 세계로 확산되었습니다.

매독이 유럽 전역으로 퍼졌지만, 사람들은 매독이 전염되는 병인지조차 몰랐습니다. 신의 저주나 천벌을 받아 매독이 생긴다고 생각했습니다. 매독이 피부가 썩어 문드러지는 병이다 보니, 환자들의 모습이 악마나 귀신에 씐 것처럼 보였기 때문입니다. 여성의 월경 때 나오는 피를 마셔서 병이 발생한다고 주장하는 사람들도 있었죠. 심지어 학자들조차 점성술을 바탕으로 매독의 원인을 설명하기도 했습니다. 지금 시각으로 보면 상당히 비과학적이고 황당하죠.

그러던 와중, 매독이 전염으로 인한 질병이라는 획기적인 이론이 제시되었습니다. 1530년, 이탈리아 의사 프라카스토로의 〈프랑스병에 걸린 시필리스〉라는 제목의 논문에서요. 논문의 제목에 프랑스병이라고 적힌 이유는 프라카스토로가 이탈리아 사람이어서입니다. 당시 프랑스와 이탈리아를 비롯한 유럽 나라들은 서로에게 질병의 책임을 묻고, 비난했습니다. 프랑스와 전쟁을 하던 이탈리아 사람들은 매독을 프랑스병이라고 불렀고,

프랑스 사람들은 나폴리병이라고 불렀죠.

프라카스토로가 논문을 쓰던 당시만 하더라도 매독은 신의 저주나 천벌로부터 생긴다는 이야기가 만연해 있었습니다. 프라카스토로는 이런 이론이 틀렸다는 것을 반박하기 위해 시필리스(Syphilis)를 논문의 주인공으로 등장시켰습니다. 시필리스는 그리스 신화에서 아폴론의 노여움을 사 병에 걸린 양치기 청년입니다. 논문 속에서 시필리스는 신화 속 이야기와 달리, 아리따운 처녀와 성관계를 나누고 매독에 걸리게 됩니다. 오늘날 매독을 영어로 시필리스(syphilis)라고 하는데, 이 이름이 붙은 데에는 프라카스토로의 논문이 결정적인 역할을 했습니다.

프라카스토로는 논문에서 매독이 '전염의 씨앗'이라는 매개체를 통해서 전파된다는 생각을 제시했습니다. 식물의 씨앗은 바람을 타고 혹은 동물의 몸에 붙어 여러 곳을 돌아다니다가 자리 잡은 곳에서 싹을 틔우고 성장하죠. 매독이라는 질병 역시 씨앗처럼 한 사람에게서 다른 사람으로 옮겨지고, 몸속으로 들어가 병을 일으킵니다. 세균의 존재가 알려지지 않은 시대에 프라카스토로는 씨앗이라는 비유를 통해서 세균의 전염성을 설명한 것입니다.

프라카스토로가 제시한 이론은 우리가 보기에 당연한 생각이지만, 당시에는 황당한 이야기로 묻혀 버립니다. 당시에 그 누구도 '전염의 씨앗'을 본 적이 없었던 데다, 씨앗의 정체를 구체적으로 설명할 길도 없었기 때문입니다. 현미경과 염료가 발명된 뒤에야 '전염의 씨앗'의 정체가 다름 아닌 세균이라는 것이 세상에 알려졌으니까요.

염료와 현미경을 통해 모습을 드러낸 매독균

17세기 유럽에서 과학 혁명이 일어나면서 인체 해부학과 생물학이 크게 발전합니다. 지금의 모습과 비슷한 현미경도 개발되었고요. 현미경은 9세기 아랍의 과학자 이븐 피르나스가 만든 확대 렌즈에서 시작되었고, 지금처럼 두 개의 렌즈를 사용한 현미경은 1590년 무렵 네덜란드의 안경 제작자인 자카리아스 얀센이 제작한 것입니다.

현미경이 지금의 모습을 갖추도록 기여를 한 과학자는 영국의 물리학자 로버트 훅과 네덜란드의 과학자 안토니 판 레이우엔훅입니다. 로버트 훅은 두 개의 렌즈를 연결해 기존보다 높은 해상도의 현미경을 개발한 뒤 칼로 얇게 썬 코르크의 조직을 관찰했습니다. 이 관찰을 통해 코르크 조직이 하나의 균일한 물질로 이루어진 것이 아니라 무수히 많은 구획으로 나뉘어 있다는 것을 발견합니다. 훅은 이렇게 막으로 나누어진 구획을 '작은 방(cell)'

이라고 불렀습니다. 현재 우리가 알고 있는 세포(cell)의 개념은 당시 훅의 발견에서 비롯된 것입니다.

레이우엔훅은 사물의 크기를 200배 이상 확대해서 관찰할 수 있는 현미경을 개발해서 이전에는 본 적 없는 미생물의 세계를 관찰하게 됩니다. 그전까지는 곤충을 가장 작은 크기의 생명체로 여겼지만, 레이우엔훅의 현미경으로 주변을 관찰하게 되면서 그보다 크기가 훨씬 작은 생명체들이 우리 주변에 가득하다는 것을 알게 되었습니다. 호수나 빗물, 우물 속에는 아메바 같은 원생생물이, 부패한 음식물 속에는 세균이 살고 있었습니다. 현미경을 통해 지금껏 인류가 보지 못했던 미시 세계의 존재를 깨닫

게 된 것이죠.

미시 세계의 발견은 콜럼버스의 아메리카 대륙 발견보다 훨씬 더 충격적이었을 것입니다. 새로운 세계에 자극받은 과학자들은 세포 안쪽까지 들여다보고 싶었지만, 당시 광학현미경의 성능으로는 역부족이었습니다. 세포 내부는 색이 거의 균일해서 구체적인 모습을 관찰하기가 불가능했기 때문이죠.

이에 과학자들은 여러 색깔의 염료로 세포를 염색시키는 방법을 도입합니다. 이렇게 염색한 세포를 연구한 과학자 중에 독일의 세균학자 파울 에를리히가 있습니다. 에를리히는 혈액에서 얻은 백혈구를 다양한 염료로 염색한 뒤, 백혈구의 세포 내 소기관들을 관찰했습니다. 백혈구는 신체 외부에서 침입한 물질들을 세포 안으로 받아들여 분해하는 일종의 청소부 역할을 하는 세포입니다. 백혈구는 '과립'이라는 주머니에 분해에 필요한 다양한 물질들을 보관하고 있는데, 백혈구의 과립은 다른 종류의 세포들에 비해 큽니다. 에를리히는 염색된 과립의 특징을 관찰하면서 알레르기 반응을 일으키는 새로운 종류의 백혈구인 비만세포를 발견합니다.

이후 에를리히는 염료와 현미경을 이용해 상처 난 부위의 조직과 세포를 관찰한 뒤 세균을 병의 원인으로 지목합니다. 병에 의해 심하게 손상된 부위에서 떼어 낸 조직을 관찰해 보면 어김없이 염색된 세균이 발견되었기 때문입니다.

매독균 역시 같은 방식으로 발견했습니다. 에를리히는 자신이 담당하던 매독 환자의 조직을 떼어 오랜 친구이자 질병의학자인 샤우딘에게 보냅니다. 샤우딘은 샘플을 염색한 뒤 현미경을 통해 매독균의 존재를 확인하죠.

이렇게 드러난 매독균의 생김새는 상당히 기이하면서도 흥미로웠습니다. 마치 코르크 따개 같은 구불구불한 모습으로 꿈틀거리고 있었습니다. 후대 과학자들은 매독균의 특이한 모습을 바탕으로 스피로헤타(스피로는 나선, 헤타는 긴 머리카락이라는 뜻)라는 이름을 붙였습니다.

나선형의 매독균 모습. 인간에게만 전염되는 세균이다.

이들의 연구를 통해 매독이라는 질병의 원인은 바로 세균이라는 것이 확실해졌습니다. 이제 매독균만 선택적으로 죽일 수 있는 물질을 만든다면 훌륭한 치료제가 될 수 있겠죠. 에를리히는 염료를 이용해 매독균만 골라 없애는 치료제를 생각해 냅니다. 염료는 일반적으로 옷감을 염색하거나 의학 실험실에서 세포를 염색하는 물질인데, 어떻게 매독 치료제가 될 수 있었을까요? 이 둘 사이에는 어떤 관계가 있을까요?

에를리히는 트립토판 블루라는 염료로 조직을 염색하던 중, 트립토판 블루가 모든 종류의 세포가 아니라 특정 종류의 세포만 염색시킨다는 것을 발견합니다. 트립토판 블루로 사람의 근육 세포는 염색되었지만, 신경 세포는 염색되지 않았거든요.

에를리히는 매독 치료제의 개발에 관심이 컸습니다. 당시 정말 많은 사람이 매독으로 죽어 갔으니까요. 그 때문이었을까요? 다른 과학자들 같았으면 그냥 지나쳤겠지만, 특정 세포만 염색하는 염료를 본 에를리히는 이것이 특정 세포를 공격할 수 있는 획기적인 치료제가 될 수도 있겠다는 생각을 떠올렸습니다.

일반적으로 어떤 물질이 염색된다는 것은 물질에 염료가 달라붙는다는 뜻입니다. '만약 사람 세포가 아닌, 매독균에만 특이적으로 달라붙는 독성이 강한 염료를 만든다면 매독 치료제를 만들 수 있지 않을까?' 이런 질문에서 영감을 얻은 에를리히는 노란빛을 띠는 아조 염색약의 구조를 약간 변형시킨 매독 치료제 '살바르산'을 개발합니다. 그런데 '약간 변형시켰다'는 것은 무슨 뜻일까요?

아래 그림의 분자 구조를 살펴볼까요? 위는 아조 염료, 아래는 살바르산의 기본 구조입니다. 두 개의 분자 모두 두 개의 육각형 고리를 가지고 있고, 고리 사이에 N(질소) 혹은 As(비소) 원자가 이중 결합(=)으로 연결되어 있습니다. 고리를 연결하는 이 두 원자를 제외하면 아조 염료와 살바르산의 분자 구조는 같다는 것을 알 수 있습니다.

비소는 매독균과 인간 모두에게 독성이 강한 물질입니다. 에를리히는 매독균에만 붙는 아조 염료에 비소 원자를 집어넣으면

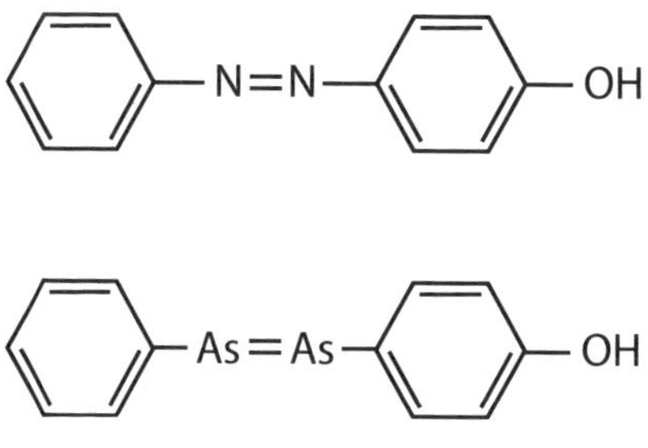

아조 염료의 구조(위)와 살바르산의 기본 구조(아래)

매독균만 선택적으로 공격하는 '치료제'가 될 수 있을 것이라고 생각한 것입니다. 바로 이것이 매독 치료제인 살바르산입니다.

에를리히는 살바르산의 치료 원리를 설명하기 위해 '수용체 가설'을 제시합니다. 수용체란 약물이 결합하는, 인체를 구성하는 세포의 표면(세포막) 혹은 세포 안을 떠도는 물질입니다. 에를리히는 세포의 표면에 다양한 수용체가 존재하며, 수용체마다 생김새가 다르다고 생각했습니다. 각 수용체의 독특한 생김새에 맞춰 약물이 특이적으로 결합한다고 추측한 것이죠.

아래 그림은 에를리히가 생각한 수용체 모습입니다. 세포 표면에 놓인 수용체의 기하학적인 모양이 V자일 때도 있고, 두리

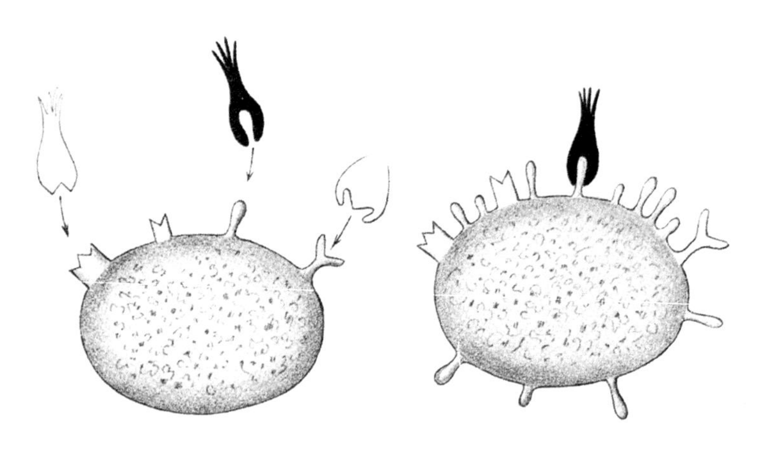

에를리히가 당시에 직접 그린 약물과 수용체의 생김새. 왼쪽은 약물이 수용체에 결합하기 전 모습이고 오른쪽은 결합한 후 모습.

뭉술한 곡선일 때도 있습니다. 수용체에 결합되는 약물 역시 기하학적인 모양을 가지고 있죠.

에를리히 가설이 정설로 드러나다

인간의 몸은 다양한 종류의 분자들로 구성되어 있습니다. 그럼 에를리히가 이야기했던 수용체는 과연 어떤 종류의 분자일까요? 바로 단백질입니다. 우리의 몸에서 수용체는 영양소의 분자 구조를 변형시거나 외부 자극에 반응해 감각 신호를 생성하는 등 다양한 역할을 수행합니다.

이런 수용체의 활동에 이상이 생기면 건강에 경고등이 켜지면서 병이 생깁니다. 이럴 때 몸속에 약물이 들어가면 병에 관여하는 수용체와 결합해 해당 수용체의 활동을 정상화시키는 역할을 해서 병을 치료합니다. 하지만 에를리히가 살던 시대에는 수용체의 존재를 확인할 길이 없었습니다. 수용체의 크기가 너무 작아서 당시에 사용하던 광학현미경으로 관찰이 불가능했던 데다 당시의 과학 기술은 수용체를 이루는 분자의 정체를 밝히기에 턱없이 부족했기 때문입니다.

19세기 말 발표된 에를리히의 수용체 가설은 후대 약학자들에 의해 끊임없이 공감을 얻었지만, 실험으로 입증되기까지 반세기가 걸렸습니다. 그런데 어떻게 1950년대에는 수용체 가설을 입증할 수 있었을까요? 당시 '분자생물학'이라는 새로운 형태의 과학이 생겨나면서 생명체 속 분자들이 어떤 방식으로 구성되어 있는지에 관한 지식이 급격하게 늘어났습니다. 특히 왓슨과 크릭을 비롯한 분자생물학자들에 의해 유전 물질인 DNA의 기본 구조가 이중 나선으로 구성되어 있다는 것과 DNA에서부터 단백질이 생성되기까지의 합성 경로가 밝혀졌죠.

과학자들은 여기서 멈추지 않고, 분자생물학 지식을 적용해 단백질을 대량으로 생산하는 기술을 개발했습니다. 합성된 단백질을 분리·정제하는 기술도 개발했고요. 1950년대 이후 비약적으로 발전한 분자생물학을 통해 새로운 과학 기술 분야인 생명공학이 탄생하기도 했습니다.

새롭게 탄생한 분자생물학과 생명공학은 에를리히의 수용체 가설을 실험으로 입증하는 밑거름을 제공해 주었습니다. 과학자들은 수용체를 대량으로 합성하고 분리·정제해서 고순도의 수용체 단백질을 확보합니다. 이렇게 확보한 단백질을 결정화한 뒤 X선 회절 기법을 통해 수용체 단백질의 구조를 풀고, 약물이 결합되는 수용체의 구조도 같이 풀게 됩니다. 마침내 에를리히가 예견한 대로 약물과 수용체 사이의 결합에 '기하학적으로 특이한 구조'가 관여한다는 것을 밝혀낼 수 있었습니다. 게다가 광학현미경보다 성능이 훨씬 뛰어난 전자현미경이 개발되면서 세포막에 위치한 막단백질을 눈으로 관찰할 수 있게 되었죠.

일련의 발견으로 에를리히의 수용체 가설은 이제 아무도 의심하기 않는 정설이 되었습니다. 그러면 살바르산은 에를리히의 생각대로 매독균의 수용체에만 결합해 치료 효과를 발휘한 것일까요? 이것에 대해서는 아무도 모릅니다. 사실 살바르산의 정확한 약리 기전이 아직까지 밝혀지지 않았거든요.

살바르산을 대체한 항생제, 페니실린

살바르산은 안타깝게도 부작용이 너무나 심해 지금은 더 이상 사용되지 않습니다. 그러니 약에 대한 기초 연구 또한 중단된 지 오래되었죠. 살바르산이 출시되었을 당시에도 기존 약들보다는 매독 치료에 뛰어난 효과를 보였지만 부작용이 심해 치료받은 사람들은 팔이나 다리를 절단해야 하는 경우가 많았습니다. 귀와 눈이 머는 경우도 종종 있었고요.

살바르산은 우리에게 잘 알려진 항생제인 '페니실린'에 의해 종말을 맞이합니다. 1928년 영국의 생물학자 알렉산더 플레밍이 페니실린을 발견한 이후, 페니실린은 매독을 비롯해 일상생활에서 광범위한 종류의 세균 감염에 사용되기 시작했습니다. 넘어

지거나 칼에 피부를 베였을 때 페니실린이 들어 있는 연고를 바릅니다. 상한 음식을 먹고 배탈이 났을 때도 페니실린이 들어 있는 알약을 복용하고요.

이처럼 유용한 페니실린의 원리는 무엇일까요? 에를리히의 주장처럼 세균에는 인간 세포에 없는 수용체가 존재할까요? 그리고 약물의 선택적 독성으로 세균만 없애 질병을 치료하는 것일까요? 정답부터 말씀드리면, 두 가지 질문 전부 '그렇다'입니다.

지구상의 모든 생명체의 세포는 외부의 충격으로부터 내부를 보호하는 막으로 둘러싸여 있습니다. 보호막을 구성하는 분자는 종류가 다르지만요. 인간의 세포를 둘러싼 막은 '세포막', 세균의 세포를 둘러싼 막은 '세포벽'이라고 합니다. 이런 보호막들은 갑옷과 비슷해서 시간이 지나면 조금씩 닳기 때문에 계속해서 수선을 해야 하죠. 그렇지 않으면 보호막에 구멍이 뚫려 생명 유지에 중요한 역할을 담당하는 물질들이 세포 밖으로 한꺼번에 빠져나와 세포가 죽음을 맞이하기 때문입니다.

세균은 '베타락타메이즈'라는 효소를 사용해 세포벽을 수선합니다. 베타락타메이즈는 분자 사슬로 복잡하게 얽혀 있는 세포벽 합성에 핵심 역할을 하죠. 그런데 페니실린이 우리 몸속에 들어오면 감염된 세균의 베타락타메이즈와 결합해 세포벽 합성을 억제하게 됩니다. 그러면 수선이 제대로 이루어지지 않은 세포

벽에 균열이 쉽게 생기고 결국 보호막이 터져 세포가 죽으면서 우리 병이 낫게 되는 것이죠. 다행히 인간에게는 베타락타메이즈가 없어서 페니실린은 세균에만 선택적으로 독성을 발휘하는 것입니다.

이렇게 약은 단백질로 이루어진 수용체에 달라붙어 수용체의 활성을 상황에 맞게 조절하는 역할을 합니다. 항생제는 세균에만 있는 수용체에 선택적으로 달라붙는데, 이렇게 달라붙는 것을 '특이적 결합'이라고 부릅니다. 특이적 결합의 중요성을 강조하는 수용체 가설은 페니실린에도 여전히 중요한 원리입니다. 그러니까 항생제의 기본 원리는 선택적 독성으로, 인간 세포가 아닌 미생물만을 죽이는 것이랍니다.

인류를 통증에서 해방시킨 진통제와 그 원리

소염진통제는 어떤 역할을 할까?

이제부터 진통제 이야기를 시작하려고 합니다. 앞 장에서 다루었듯이, 약의 역사는 분자생물학과 깊은 인연을 맺어 왔습니다. 1950년대 일어난 분자생물학의 비약적인 발전을 통해 세상에 다양한 종류의 신약이 등장했고, 약의 치유의 원리도 밝힐 수 있었죠. 이때 등장한 신약 가운데 하나가 바로 우리가 일상에서 사용하는 소염진통제입니다.

앞서 이야기했듯 항생제는 우리 몸이 아닌 세균을 이루는 고유의 수용체를 표적으로 만들어진 약물입니다. 항생제 외에도 이와 비슷한 원리로 만들어진 치료제들이 있습니다. 바로 항바이러스제와 항진균제입니다. 세균, 바이러스, 진균(곰팡이) 모두 외부에서 우리 몸속으로 침투한 생명체입니다. 치료제들은 이런 생명체에만 독특하게 존재하는 수용체의 활성을 저해시켜 외부 생명체의 감염으로부터 우리 몸을 지킵니다.

하지만 인간은 외부 생명체의 감염 이외에도 다양한 이유로 병을 앓게 됩니다. 그 가운데 하나가 바로 우리 몸속에서 일어나는 생리 활동의 균형이 깨지면서 일어나는 병이죠. 우리 몸에는 10만 개가 넘는 수용체가 존재하는데, 이 수용체들은 인터넷 그물망처럼 연결된 채 서로 긴밀하게 협력하며 다양한 종류의 생리 활동을 조절합니다. 그런데 이들 수용체 중 하나라도 활동에 이상이 발생하면 병으로 이어질 수 있습니다. 이런 병 중에 면역계 질환이 대표적인데, 여기에는 염증을 촉진하는 수용체인 싸이클로옥시나제(cycloxynase), 줄여서 콕스(COX)라고 하는 단백질이 깊이 연관되어 있습니다.

콕스라는 말은 처음 들어 봤을 수도 있지만 콕스를 표적으로 하는 치료제들은 아마도 익숙한 이름이 많을 거예요. 바로 부루펜, 탁센, 아스피린 같은 것들이죠. 우리가 일상생활에서 진통제로 자주 찾는 약들입니다. 이런 진통제로 개발된 약물들은 통증뿐만 아니라 염증도 효과적으로 억제합니다. 콕스 수용체는 어떻게 발견되었을까요? 그리고 콕스라는 수용체는 진통과 소염에 어떻게 관여하고, 약물은 어떻게 콕스를 억제해 통증과 염증을 치료하는 것일까요?

스테로이드의 몰락으로 시작된 엔세이드

우리는 앞서 아스피린이 어떻게 세상에 모습을 드러내었는지 살펴보았습니다. 살리실산을 포함하고 있는 버드나무 껍질은 오랫동안 인류가 요긴하게 사용해 온 소염진통제였고, 아스피린은 살리실산의 부작용을 개선해 새롭게 탄생한 혁신적인 약이었죠. 아스피린이 개발되고 100여 년이 지난 지금도 많은 사람이 사용하고 있는 것을 보면, 아스피린은 상당히 훌륭한 약임에 틀림없습니다.

하지만 아스피린이 출시된 이후에도 약학자들은 아스피린보다 뛰어난 소염진통제 개발에 끊임없이 관심을 기울여 왔습니다. 왜냐하면 아스피린에는 속쓰림과 위장 출혈 같은 부작용이 있기 때문입니다. 그래서 관절염처럼 장기간 약을 복용해야 하는 병에 사용하기 상당히 불편했죠. 게다가 염증을 없애 주는 소염 효과도 그다지 만족스럽지 못했고요. 분명 관절염을 '어느 정도' 완화시켜 주긴 했지만, 관절을 원활하게 움직이게 하기에는 역부족이었습니다.

아스피린이 개발되고 반세기가 지난 뒤, 인류에게 아스피린의 소염진통 효과와는 비교조차 못할 정도로 뛰어난 신약이 될 뻔한 약물이 발견된 사건이 있었습니다. 그 주인공은 바로 '스테로이드'입니다. 스테로이드가 발견되자 기적 같은 일들이 연이어 펼쳐졌습니다. 중증 관절염으로 침대에 5년 동안 누워 있던 환자가 3일간 스테로이드로 치료를 받고, 시내에서 세 시간 넘게 쇼핑을 했던 것입니다. 당시 이렇게 극적으로 경과가 좋아진 환자들은 상당히 많았습니다. 프랑스의 화가 라울 뒤피는 관절염이 심해 붓을 손에 쥐지도 못했습니다. 테이프로 손에 붓을 고정시켜 간신히 그림을 그리곤 했죠. 하지만 스테로이드를 투여받은 뒤, 증상이 호전되었습니다. 당시 73세였던 라울 뒤피는 10년은 더 그림을 그릴 수 있을 거라고 낙관할 정도였습니다.

하지만 당시 사람들의 기대와는 달리 스테로이드제의 심각한

부작용들이 나타나기 시작했습니다. 사실 스테로이드는 우리 몸에서 염증이나 면역 반응을 억제할 뿐만 아니라 필수 영양소들의 대사를 담당하는 '호르몬'입니다. 스테로이드는 생명 활동에 필수적인 역할을 담당하기 때문에 분비량에 변화가 생기면 당뇨나 녹내장, 백내장, 골다공증, 위장 출혈 같은 부작용이 나타나죠. 라울 뒤피도 자신의 기대와 달리 스테로이드 치료를 받고 얼마 지나지 않아 위장 출혈로 사망합니다.

스테로이드는 획기적인 신약으로 세상에 모습을 드러냈지만, 안정성의 이유로 약학자들의 관심 밖으로 밀려납니다. 이후 약학자들은 다시 아스피린 계열의 약물로 관심을 돌립니다.

아스피린은 버드나무의 살리실산에서 시작된 약물입니다. 약학자들은 이 살리실산을 기본 구조로 하면서 아스피린보다 성능이 좋고 동시에 안정성이 뛰어난 일종의 '슈퍼 아스피린' 개발에 뛰어들었습니다. 이런 살리실산 계열의 약물들을 '스테로이드 계열이 아닌 소염진통제'라는 뜻인 엔세이드(NSAIDs, Non-Steroidal Anti-Inflammatory Drugs)라고 부릅니다.

사실 엔세이드라는 명칭은 의학 기사에서 자주 접하는 용어입니다. 이 용어를 이전에 들어 봤다면, 어떤 이유로 소염제 이름 앞에 '비스테로이드성(non-steroidal)'이라는 말이 쓰이는지 궁금했을 거예요. 이제 그 이유를 알겠죠? 안정성 때문에 소염제가 스테로이드 계열의 약물인지 아닌지가 중요해졌기 때문입니다. 엔세이드로 분류된 소염진통제는 스테로이드제보다 훨씬 안전하게 사용할 수 있고, 의사의 처방 없이도 약국과 편의점에서 쉽게 구할 수 있습니다.

슈퍼 아스피린은 이제 우리에게 친숙한 약이 되었습니다. 애드빌(이부프로펜), 탁센(나프록센), 이지엔6프로(덱시부프로펜) 등이 여기에 해당합니다. 인류는 어떻게 슈퍼 아스피린을 개발했을까요?

최초의 슈퍼 아스피린, 이부프로펜

이부프로펜은 슈퍼 아스피린 가운데 첫 번째로 탄생한 약입니다. 영국의 제약회사인 부츠사는 이부프로펜을 1950년대부터 개발하기 시작해 1969년, 세상에 내놓았습니다. 부츠에서는 어떻게 이부프로펜을 개발했을까요?

이부프로펜의 개발이 시작될 당시는 분자생물학이 아직 미숙한 시기여서 당시 약학자들은 발열, 염증, 통증을 일으키는 '어떤 수용체'의 존재를 막연하게 아는 정도였습니다.

부츠의 연구원들은 수용체에 직접 약물의 성능을 실험하는 대신, 동물을 이용해 약물의 반응을 살펴보았습니다. 이때 사용된 동물이 햄스터와 비슷하게 생긴 기니피그입니다. 실험체가 동물일 경우, 약물을 투여해 통증이 어느 정도 사라졌는지를 관찰하기 쉽지 않습니다. 그래서 진통 효과 대신 소염 효과를 관찰했습니다. 진통과 소염 증상 사이에 긴밀한 연관성이 있다고 여겼기 때문입니다.

당시 약학자들은 통증과 염증이 연관되어 있는 정확한 이유(수용체의 정체)는 몰랐지만, 통증과 염증이 서로 긴밀하게 연관되어 있다는 것을 '경험적'으로 알고 있었습니다. 이 두 가지 증상은 언제나 몸의 같은 부위에서 발견되었고, 아스피린처럼 한 종류의 약에 의해 동시에 완화되는 것을 오랫동안 지켜봐 왔기 때문입니다. 그래서 부츠 연구원들은 약물이 기니피그에게 소염 효과를 보인다면 진통 효과도 일으킬 거라고 생각했습니다.

부츠 연구원들은 소염 효과를 효과적으로 관찰하기 위해 독특한 유전적 특성을 가진 기니피그를 실험체로 사용했습니다. 바로 멜라닌 색소가 유전적으로 결핍된 기니피그입니다. 왜 하필 이런 기니피그였을까요?

여름철에 피부가 검게 타는 건 피부에서 분비되는 멜라닌 색소 때문입니다. 자외선이 피부에 침투하는 것을 막아 주는 멜라닌 색소가 결핍되면 햇볕 같은 자극에 극도로 민감해집니다. 멜라닌이 부족한 사람이 자극을 받으면 피부가 금방 가렵고 크게 부어오릅니다. 즉 염증이 쉽게 발생하죠. 기니피그도 마찬가지입니다. 염증의 크기는 피부에 일어나는 홍반의 크기로 측정했습니다.

연구원들은 털을 민 기니피그의 피부에 자외선을 쪼인 뒤 피부에 생긴 홍반 즉 붉은 점의 크기와 색의 밝기를 관찰했습니다. 좋은 약을 투여받은 기니피그는 자외선에 적게 반응했습니다. 즉, 홍반의 크기는 작고 옅은 붉은색을 띠었죠.

부츠 연구소는 이런 방법으로 1,500개가 넘는 화합물을 검사했습니다. 이 실험에 15년이라는 긴 시간이 소요되었죠. 연구원

들은 실험에서 괜찮은 약리 활성을 보이는 화합물을 5개로 추린 뒤 사람을 대상으로 약물의 효능과 안정성을 실험하는 임상 시험에 들어갔습니다. 그런데 얼마 지나지 않아, 네 개의 후보 화합물은 모두 아스피린보다 소염, 진통, 해열 측면에서 월등히 우수했지만, 부작용으로 투여받은 사람들의 피부에 발진이 나타나는 등 안정성에 심각한 문제가 드러났습니다.

하지만 다섯 번째 화합물은 달랐습니다. 부츠에서 연구팀을 이끌던 아담스는 임상 시험 중인 화합물을 자신에게 투여했습니다. 학회에서 중요한 발표를 앞둔 전날 술을 많이 마신 탓에 심한 두통을 느꼈습니다. 그런데 다섯 번째 화합물을 투여한 지 두어 시간 만에 두통이 완전히 사라지는 경험을 하게 됩니다.

다섯 번째 화합물의 임상 시험의 결과는 성공적이었고, 1969년 영국에서 진통제로 승인이 이루어집니다. 슈퍼 아스피린은 영국에서 세계 최초로 부루펜(Brufen)이라는 상품으로 모습을 드러냈습니다. 곧이어 다른 나라에서도 승인이 이루어지게 되었고요. 우리나라에서도 역시 같은 이름인 '부루펜'으로, 그리고 '애드빌'과 '이지엔6애니'라는 상품으로 출시됩니다. 사실 이부프로펜은 개발에 운이 많이 따라 준 경우에 속합니다. 왜냐하면 신약을 개발할 때 15년보다 긴 시간과 더 큰 자본을 투자해도 실패한 경우가 많았기 때문입니다.

1970년대가 되면서 분자생물학을 통해 아스피린과 이부프로펜을 비롯한 엔세이드 약물이 결합하는 수용체의 정체가 조금씩 밝혀지기 시작했습니다. 그 뒤부터는 수용체를 직접 연구하면서 신약 개발의 속도가 가속화되었습니다. 1990년대에는 이부프로펜보다 부작용은 훨씬 적고 성능은 뛰어난 '선택적 엔세이드'라는 새로운 계열의 약이 개발됩니다.

정체를 드러낸 아스피린 수용체

엔세이드 소염진통제는 어떻게 약효를 나타낼까요? 이런 종류의 약물은 앞서 말했던 콕스란 이름의 효소를 표적 수용체로 합니다. 콕스 수용체는 통증과 염증을 일으키는 '프로스타글란딘'이라는 호르몬을 생성하는데, 이때 사용하는 물질이 호르몬인 '아라키돈산'입니다. 1977년, 분자생물학자인 존 베인은 아스피린이 콕스의 활성을 억제해 아라키돈산이 통증을 일으키는 프로스타글란딘으로 바뀌는 것을 저해한다는 사실을 밝혀냅니다. 그는 이 연구로 1982년 노벨 의학상을 받습니다.

프로스타글란딘은 그 종류와 생리적인 역할이 다양한데, 특히 혈액이 응고되는 것을 도와주고 발열과 염증에 관여합니다. 그리고 속쓰림과 위장 출혈을 막아 주죠.

당시 의약학자들은 아스피린과 프로스타글란딘은 긴밀하게 연관되어 있을 거라고 생각했습니다. 아스피린을 복용하면 염증과 통증은 사라지지만, 그와 동시에 속이 쓰리고 혈액이 잘 응고되지 않아 출혈이 심해지는 부작용이 있었기 때문이죠. 베인은 이런 반응이 우리 몸의 어떤 분자들에 의해 일어나는지에 관심을 가졌습니다. 그래서 기니피그의 폐 조직을 분쇄해서 얻은 혈장에 아라키돈산과 아스피린을 함께 넣고, 아라키돈산의 양과 프로스타글란딘의 양을 측정했습니다.

이 실험에서 베인은 두 가지 중요한 사실을 발견합니다. 첫 번째는 아스피린이 아라키돈산을 프로스타글란딘으로 바꾸는 화학 반응을 저해한다는 사실입니다. 혈장에 아스피린을 많이 첨가할수록 프로스타글란딘은 적게 발견되었거든요.

두 번째는 이 화학 반응이 효소로 인해 일어난다는 점이었습니다. 보통 효소가 없더라도 분자들끼리 결합이 일어나 새로운 종류의 물질이 생성되기도 합니다. 하지만 프로스타글란딘이 생성되려면 효소가 필요했습니다. 혈장에 열을 가했더니 아무리 많은 양의 아라키돈산을 첨가해도 더 이상 프로스타글란딘이 생성되지 않았거든요. 단백질로 이루어진 효소는 열을 받으면 단백질 구조가 변성되어 효소로서의 기능을 상실하기 때문이죠. 과학자들은 베인이 발견한 효소에 '콕스'라는 이름을 붙입니다.

콕스에 의해 아라키돈산이 프로스타글란딘으로 바뀌면, 즉 효소에 의해 화학 구조가 바뀐 분자는 우리 몸에서 완전히 다른 역할을 담당합니다. 막단백질들이 세포막 위에서 잘 움직일 수 있도록 돕던 아라키돈산은 세포 주변에서 염증 같은 면역 반응이 필요하거나 세포에 손상이 일어나면 세포막에서 떨어져 나옵니다. 그리고 콕스와 만나 프로스타글란딘으로 바뀌면서 통증, 염증, 발열을 일으키는 역할을 담당하게 되는 것이죠.

선택적 엔세이드 약물의 개발

베인은 실험을 통해 아스피린의 수용체가 아라키돈산을 프로스타글란딘으로 변환시켜 주는 효소라는 것을 밝혀냅니다. 하지만 과학자들은 여기에 만족하지 않고, 콕스 수용체의 아미노산 서열을 밝히기 위해 계속 연구를 진행했습니다. 그리고 오랜 시간과 끈질긴 노력 끝에 1988년, 콕스 단백질을 이루고 있는 아미노산의 전체 서열을 밝혀냅니다.

과학자들은 이를 바탕으로 두 가지 중요한 발견을 이끌어 냅니다. 첫 번째는 콕스 단백질은 두 종류가 있다는 사실입니다. 이 사실은 엔세이드 약물이 가진 부작용의 원인을 밝히는 데 커다란 기여를 합니다. 두 번째는 콕스 단백질의 입체 구조입니다.

콕스 유전자의 전체 서열과 함께 콕스 단백질의 입체 구조가 밝혀지면서 콕스 수용체에 특이적으로 결합할 수 있는 적합한 구조의 약물이 개발되기 시작했습니다.

과학자들은 두 종류의 단백질에 각각 '콕스-1'과 '콕스-2'라는 이름을 붙입니다. 이 둘은 신체에서 어떤 생리적인 역할을 담당할까요? 먼저 콕스-1과 콕스-2가 신체에서 발견된 부위를 조사해 둘 사이의 차이점들을 찾아냈습니다. 콕스-1은 우리 몸속 거의 모든 종류의 세포에서 관찰되었습니다. 반면 콕스-2는 염증이 생긴 부위의 세포에서만 일시적으로 관찰되었습니다. 염증이 가라앉으면 콕스-2 역시 곧 사라졌으니까요.

곧이어 더욱 놀라운 특징들이 발견되었습니다. 염증이 있는 부위의 세포라도 스테로이드 소염진통제를 투여하면 콕스-2가 발견되지 않았습니다. 즉 스테로이드 소염진통제가 콕스-2 생성을 방해한 것이죠.

또 콕스-1은 점막이 잘 형성된 위장 표피 세포에서 비교적 많은 양이 발견되었습니다. 위장 표피 세포는 점액을 분비해 위장이 강산성의 위산과 소화되지 않은 음식물로부터 손상되지 않도록 도와줍니다. 그럼 콕스-1을 저해하지 않는 소염진통제를 만들면, 엔세이드의 부작용인 속쓰림과 위장 출혈이 없어지지 않을까요? 과학자들은 이런 사실들을 바탕으로 콕스-1은 엔세이드 약물의 부작용과 연관이 있는 반면, 콕스-2는 진통 및 염증을 일으키는 역할을 담당할 것이라는 가설을 세우고 콕스-2만 선택적으로 저해하는 소염진통제 개발에 착수합니다.

얼마 뒤 화이자 제약회사의 연구원들은 콕스-2에 적합한 구조의 화합물을 발견합니다. 이 화합물(DuP-697)은 이전에 다른 제약회사인 듀폰에서 연구 개발이 중단된 화합물이었습니다. 화이자 연구원들은 DuP-697을 '기본 구조'로 이용해 다양한 구조의 화합물을 만들게 됩니다.

이런 연구를 바탕으로 1998년, '세레콕시브'라는 획기적인 신약이 등장합니다. 세레콕시브 개발에는 8년이라는 시간이 소요되었습니다. 기존에 개발된 이부프로펜보다 7년 정도 짧죠. 이 두 약의 연구 개발 과정에는 커다란 차이가 있습니다. 선택적 엔세이드 진통제의 개발에서는 연구의 처음 단계에서 동물을 실험체로 약물의 효능과 부작용을 조사하지 않고, 분자인 수용체에 약물을 직접 반응시켜 활성을 측정했다는 점입니다. 분자생물학 덕분에 효율적으로 실험이 이루어진 것이죠. 앞으로도 인류는 이렇게 분자생물학의 기술들을 활용해 신약 개발의 속도를 가속화하고, 부작용 없는 획기적인 약들을 개발할 것입니다.

현미경으로 발견한 질병의 원인

현미경으로 보면 다 나와. 지금처럼 전염병이 유행할 때는 특히 더 손을 잘 씻어야 한다고. 현미경 덕분에 눈에 안 보이는 미생물도 볼 수 있었고, 약도 발전할 수 있었어.

잉?

레이우엔훅의 현미경은 270배까지 확대할 수 있었어. 그 덕분에 눈에 보이지 않는 미생물을 세계에서 처음으로 관찰할 수 있었어. 레이우엔훅은 17세기 후반 처음으로 세균을 발견했어. 그뿐만 아니라 물속의 작은 미생물과 적혈구, 남성의 정자도 처음으로 발견했단다.

이후 배율이 엄청 큰 현미경이 개발되면서 미생물보다 훨씬 작은 세균의 모습도 관찰할 수 있게 되었지.

독에도
역사가 있다고?

4
약과 독의 역사

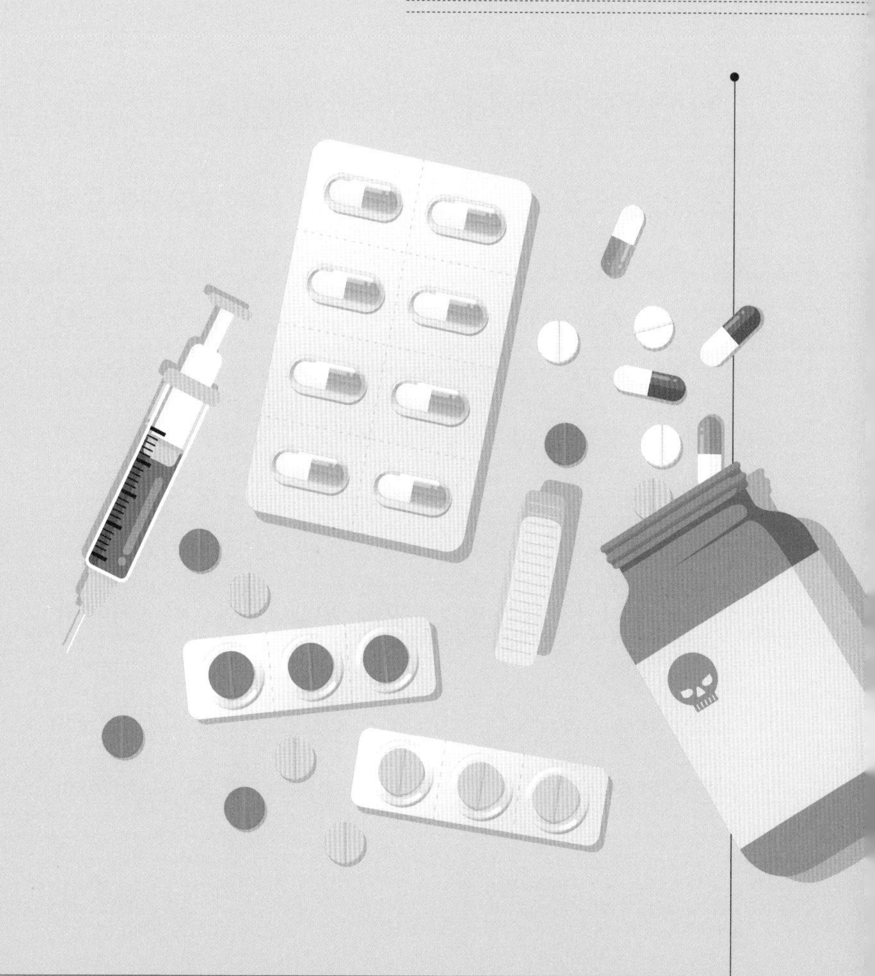

약의 또 다른 시작 : 독

독사에서 치유와 재생을 떠올린 고대 그리스인들

맹독을 지닌 동물 가운데 가장 먼저 머릿속에 떠오르는 동물은 무엇인가요? 아마 뱀이나 전갈, 지네, 독거미 등이 있을 것입니다. 수십 년 전까지만 해도 전통 약재를 파는 한약방에 가면 이런 동물의 사체를 말려 치료제로 파는 것을 종종 볼 수 있었습니다. 다행히 맹독을 지닌 동물들의 사체는 살아 있을 때만큼 위험하지 않습니다. 독성을 가진 화합물은 시간이 오래 지나면 공기 중에서 산화되거나 구조가 변형되면서 독성이 중화되기 때문이죠. 그래서 이런 것들은 별다른 문제 없이 치료제로 사용되어 왔습니다.

이런 동물 가운데 뱀은 상당히 색다른 동물이 아닐까 합니다. 일단 뱀은 다른 동물들과 달리 허물을 벗습니다. 끊임없이 탈피를 반복해 좀 더 완벽한 모습인 성체로 성장하죠. 고대 사람들은 이런 뱀의 신비한 모습에서 치유와 재생의 이미지를 떠올렸고, 뱀을 치료 수단으로 사용하기도 했습니다. 그러면서 뱀의 형상은 의술과 약의 상징이 되어 지금도 병원이나 약국을 뜻하는 로고에 사용되곤 합니다.

서양 의학이 시작된 곳은 고대 그리스입니다. 바로 이곳에서 유명한 의학자 히포크라테스가 의술을 펼쳤죠. 히포크라테스에게 의학을 전수해 준 사람이 있는데, 그가 바로 의술의 신 '아스클레피오스'입니다. 고대 그리스에서는 어떤 분야에 뛰어난 소질을 가지고 있는 사람에게 신이라는 표현을 사용했습니다. 우리도 종종 공부를 잘하는 학생에게 '공부의 신'이라는 표현을 쓰기도 하죠.

그럼 아스클레피오스는 어떤 인물이었을까요? 아스클레피오스는 트리카 지방의 왕자로, 실존 인물입니다. 하지만 그에 대한 이야기에는 신화적 요소들이 많이 섞여 있습니다. 아스클레피오스에게 의술을 전해 준 스승은 켄타우로스족인 케이론입니다. 켄타우로스족은 몸의 반은 사람이고 반은 말로, 산속 동굴에 살면서 날고기를 먹는 미개한 종족이었습니다. 게다가 난폭하고 야만적인 성질을 가지고 있었죠.

하지만 케이론은 예외적인 인물로, 현명하고 뛰어난 학자이자

의술의 신 아스클레피오스

의술과 수렵, 음악 등에 능통한 현자였습니다. 이런 능력으로 신화에 나오는 여러 영웅을 배출했는데, 여기에는 헤라클레스와 아킬레우스도 있습니다. 어쨌든, 아스클레피오스의 위상이 명불허전이 된 데에는 이런 신화적인 이야기들의 도움이 컸을 듯싶습니다. 아스클레피오스는 후대 사람들에 의해 신격화되었고, 죽은 뒤에도 환자들의 아픈 곳을 치유해 주었습니다. 그런데 죽은 사람이 어떻게 환자들의 치유를 도왔을까요?

고대 그리스 의사들은 아스클레피오스 신전에서 환자를 치료했습니다. 당시 신전은 지금의 종교, 요양, 여가 시설이 합쳐진 곳이라고 생각하면 됩니다. 신전에는 극장이 있어서 환자들은 신전에 온 첫날, 무대 위에서 흥겹게 펼쳐지는 공연을 보며 삶의 고단함과 지친 일상을 잠시나마 잊을 수가 있었죠.

다음 날부터는 경건한 마음으로 신전에 모신 아스클레피오스에게 제물을 바치고, 자신의 병을 치유해 달라고 기도를 했습니다. 신전의 사제는 진통제인 아편을 환자에게 먹이고, 환자의 통증을 덜어 주기도 했습니다. 지금 아편은 마약으로 금지된 약물이지만, 당시에는 유용한 진통제였거든요. 그러고는 목욕을 하면서 일상에서 겪은 고민과 스트레스를 풀곤 했습니다. 이렇게 쉬다 보면 우리 몸이 가진 치유력 덕분에 종종 병이 치유되곤 했습니다.

더욱이 아편에는 진통 효과뿐만 아니라 진정과 환각 효과도 있습니다. 과거 종교 사제들은 아편을 복용하고, 환각으로 보이는 세상을 통해 앞으로 다가올 미래를 점치기도 했죠. 신전에서 환자들은 아편에 취해 아스클레피오스와 뱀의 모습을 보기도 하고, 평소보다 깊은 잠을 이루기도 했습니다. 그러다가 병이 치유되기도 했고요.

의학의 상징이 된 아스클레피오스의 지팡이

아스클레피오스는 어떤 방식으로 환자들을 치료했을까요? 그는 평소에 지팡이를 들고 다녔는데, 특이하게도 지팡이에 뱀이 휘감겨 있었습니다. 그리고 환자들이 찾아오면 지팡이에 감긴 뱀의 머리에서 피를 짜내 치료제를 만들어 주었다고 합니다. 그런데 뱀의 피가 정말로 환자의 병을 고쳤을까요? 진짜 뱀의 피가 치료에 탁월한 효과를 보였다면 지금도 뱀의 피를 치료제로 사용하고 있겠죠.

아스클레피오스 이야기에는 신화적 상징이 들어 있어서 이해하기 쉽지 않습니다. 사실 의구심이 드는 것은 뱀의 피뿐만이 아닙니다. 아스클레피오스가 제아무리 탁월한 의사였을지라도 뱀을 휘감은 지팡이를 마음 편히 지니고 다녔을지 의심스럽습니다. 게다가 치료에 사용된 뱀의 피는 한술 더 뜹니다. 현실에서는 아무리 눈을 씻고 찾아봐도 보기 힘든 머리카락이 뱀인 고르곤의 피였으니까요.

아스클레피오스가 들고 다니던 뱀이 감긴 지팡이는 무엇에 관한 상징이었을까요? 신화를 연구하는 학자들이 여기에 대한 해석을 내놓았습니다. 뱀은 아마도 메디나충의 상징이고, 지팡이는 메디나충을 신체의 감염 부위에서 빼낼 때 사용되는 막대기

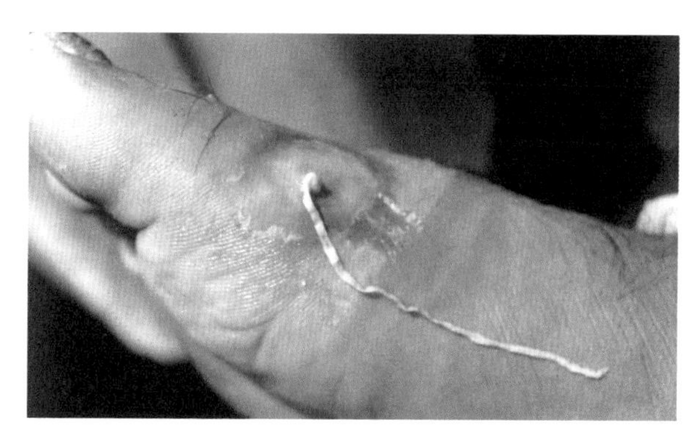

흰색 뱀과 비슷하게 생긴 메디나충

라는 것입니다.

메디나충은 물벼룩에 기생하는 촌충으로, 물을 통해 인간의 몸으로 옮겨 옵니다. 물벼룩 속에서 알로 있다가 인간의 몸속으로 들어가 1미터가 넘는 길이의 촌충으로 성장합니다. 실제 생김새도 하얀색 뱀과 상당히 비슷하고요.

메디나충은 성체가 되면 인간의 발목 주변에서 피부를 뚫고 빠져나옵니다. 이때 메디나충이 몸에서 완전히 빠져나오도록 막대기로 조심스레 말아서 뽑아내는 것이 감염을 치료하는 유일한 방법입니다. 이런 치료 방법의 역사는 기원전 3000년 전 이집트와 지중해 지역으로 거슬러 올라갑니다. 물론 지금도 유용하게 사용되고 있고요.

메디나충 이야기는 어디까지나 현대 사람들의 해석입니다. 사

아스클레피오스의 지팡이가 그려진 세계보건기구(WHO) 로고

실 뱀이 감긴 지팡이의 신화적인 상징이 어디에서 유래되었는지는 정확하게 알 수 없습니다. 아스클레피오스는 뱀의 머리에서 피를 짜내 치료제를 만들었다고 하지만, 메디나충은 단순히 병을 일으키기만 하는 기생충이니까요.

어쨌든 이런 흥미로운 이야기와 더불어 현대의 사람들은 아스클레피오스의 뱀이 감긴 지팡이를 현대 의약학의 상징으로 채택하게 되었습니다.

독과 약을 같이 팔던 그리스의 약국, 파르마콘

고대 그리스에서 머리카락이 뱀으로 된 고르곤을 치료제로만 사용한 것은 아닙니다. 어떨 때는 사람을 죽이는 독약으로도 사용했죠. 고르곤은 진짜 뱀일 수도 있지만, 어쩌면 당시에 사용되던 다양한 종류의 치료제들이 독과 약이라는 이중성을 가지고 있다는 측면을 이야기하려고 신화적인 상징을 통해 묘사한 것일 수도 있습니다. 당시 사람들은 뱀을 치료의 도구로도 사용했지만, 뱀이란 기본적으로 사람을 죽일 수 있는 독을 지닌 동물이니까요.

고대 그리스의 약국에서는 치료제뿐만 아니라 독약도 같이 다루었습니다. 당시에 그리스인들은 약국을 파르마콘(pharmakon)이라고 불렀습니다. 약국이나 약학을 뜻하는 영어 단어 'pharmacy'가 바로 이 말에서 온 것입니다.

최초의 약국인 파르마콘에는 아픈 환자뿐만 아니라 다양한 손님들이 찾아왔습니다. 어떤 손님은 개인적인 원한 관계에 있는 사람을 몰래 독살하려고 독약을 찾기도 했죠. 독약도 필요한 사람이 있었으니, 약국에서 팔았겠죠? 이때 파르마콘의 약사는 고르곤 피의 치사량을 슬쩍 말해 주곤 했습니다. 당시 이런 비윤리적인 일들이 얼마나 많이 일어났던지, 의사들의 윤리 서약을 담고 있는 히포크라테스의 선서가 등장하기도 했죠.

파르마콘과 현대의 약국은 아주 유사하지만 한 가지 차이점이 있습니다. 오늘날 약사들은 윤리적인 문제로 치료제만 다룬다는 점이죠.

하지만 지금의 치료제도 과다하게 먹거나 다른 용도로 사용되면 언제든지 치명적인 독약이 될 수 있습니다. 파르마콘에 보관되었던 약들처럼요. 오늘날에도 치료를 위해 먹은 약의 부작용으로 인해 건강을 크게 잃거나 죽기도 합니다. 약이란 아주 오랜 옛날부터 독과 약 이렇게 이중적이었답니다.

중독으로 죽음을 맞은 독성학자, 파라켈수스

독성을 지닌 치료제 개발

독이란 무조건 나쁜 물질일까요? 물론 독이 사람을 죽이는 위험한 물질임은 분명하지만, 독에서 약이 탄생하기도 했습니다. 앞서 다룬 살바르산이 이런 경우에 해당하죠. 매독 치료제로 개발된 살바르산은 원래 맹독성 금속인 비소 원소를 포함하는 화합물이지만, 에를리히는 구조를 인위적으로 변형해 선택적 독성을 갖도록 만들었습니다. 사실 독성을 통해 치료제를 만들려고 한 약학자는 에를리히가 처음이 아닙니다. 500여년 전, 연금술사로 이름을 날리던 파라켈수스 역시 플라스크 안에서 일어나는 다양한 화학 반응을 통해 비소처럼 독이 강한 금속 물질에서 독성을 제거해 치료제를 만들려고 했습니다.

파라켈수스와 에를리히는 다른 시대의 인물이지만, 공통점이

젊은 시절 유럽을 떠돌며 다양한 수업을 받은 의학자이자 독성학자 파라켈수스

한두 가지가 아닙니다. 매독이 콜럼버스 일행과 함께 유럽에 들어온 해가 1494년이고, 파라켈수스는 바로 한 해 전 스위스에서 태어났습니다. 전염성이 강한 매독은 파라켈수스가 약학자로 한창 활동하던 시기에 극성을 부렸고, 파라켈수스 역시 에를리히처럼 매독과 사투를 벌였죠.

그뿐만이 아닙니다. 독성을 통해 매독 치료제를 만들려고 했습니다. 에를리히가 만들어 낸 살바르산은 자연계에 존재하지 않는 화합물이었죠? 이런 화학 합성은 지금의 화학자들에게 너무나도 당연한 일이지만, 살바르산이 개발되던 당시에는 혁신적인 신기술이었습니다. 이렇게 화학 합성 기술을 신약 개발에 적용시키는 분야를 '의약화학'이라고 부르는데, 과학역사가들은 파라켈수스를 의약화학의 시조로 여깁니다. 파라켈수스는 '전통적 화학'인 연금술과 의약학을 접목한 최초의 의약화학자였기 때문입니다.

독과 약은 원래부터 하나

파라켈수스는 현대적인 관점에서 독성의 정의를 제시한 독성학자이기도 합니다. 독과 약은 서로 다른 물질일까요? 정답은 '아니오'입니다. 독과 약을 구분 짓는 것은 '다른 어떤 종류의 물질'이 아니라, 하나의 물질이 신체에 투여되는 '용량'에 달려 있습니다. 이런 관점에서 독과 약을 바라볼 수 있도록 파라켈수스는 독성을 다음과 같이 정의했습니다. "오직 용량만이 그 물질의 독성을 결정한다." 이렇게 독성의 보편적인 정의를 내린 파라켈수스는 현대 독성학의 아버지가 되었죠.

파라켈수스는 독성이 강한 금속을 이용해 치료제를 만들고 싶어 했지만, 히포크라테스 의학이 오랜 시간 자리를 잡고 있던 당시에는 독성 물질을 치료에 사용하면 안 되었습니다. 그런데도 파라켈수스는 '독성이 강한 금속도 적은 양을 투여하면 훌륭한 치료제가 될 수 있다'는 것을 증명하고 싶어 했습니다. 현대에 들어와서 파라켈수스가 정의한 내용은 참으로 받아들여지지만, 당시에는 너무 앞선 생각이었죠.

이렇게 급진적인 생각을 가진 파라켈수스는 어떤 사람이었을까요? 먼저 그의 이름을 살펴볼까요? 사실 파라켈수스는 그가 만든 별명입니다. 그는 자기 이름인 '필립푸스 오레올루스 테오프라스투스 봄바스트 폰 호헨하임' 대신 파라켈수스라는 이름을 사용했습니다. 그 이유인즉, 당시 최고의 의학자로 여겨지던 고대 로마의 의사 켈수스(Celsus)를 뛰어넘겠다(para)라는 자신의 확고한 신념을 보여 주기 위해서였죠. 파라켈수스는 히포크라테스 의학의 후계자인 켈수스로 대표되는 전통 의학을 넘어서 자신만의 새로운 의학을 세우고 싶어 했습니다.

급진적인 부분은 이름뿐만 아니라 그의 삶에서도 나타납니다. 그는 전통 의학에 대한 저항의 뜻으로 히포크라테스의 의서를 동료들 앞에서 불태워 버렸습니다. 그 당시 히포크라테스의 의학서들은 종교적인 권위가 있었습니다. 서양 중세 시대에 떠받들어지던 성경을 떠올리면 이해하기가 쉬울 것입니다. 히포크라테스는 종교적 성인으로, 그가 쓴 책은 성경처럼 신성시되었습니다. 그의 책에 쓰인 것과 다르거나 반대되는 학설은 발표할 수

조차 없었죠. 이런 분위기에서 파라켈수스는 당시 학문의 중심이던 스위스의 바젤대학교 안에서 히포크라테스의 책을 불태웠습니다. 당시로서는 정말 큰 사건이었을 것입니다.

그뿐만이 아닙니다. 파라켈수스는 당시 대학교의 관례였던 라틴어 대신 독일어로 강의를 했습니다. 그것도 시대에 반하는 옷차림인 수도사가 입는 헐렁한 옷과 붉은 지팡이를 짚고 말이죠. 이렇게 급진적인 변화를 추구하던 파라켈수스는 그가 강의하던 대학교에서 어떻게 되었을까요? 파면을 면치 못했습니다. 그는 남은 평생 방랑 생활을 하면서 의술을 베풀며 조용히 살았다고 합니다.

이단적이고 급진적인 생각으로 기존의 학문과 가치관을 거부하고, 조용히 혼자 살다 삶을 마감한 파라켈수스의 시도는 헛되기만 했을까요? 아닙니다. 파라켈수스의 의약화학은 당시 창궐하던 매독을 통해 결정적으로 빛을 발하기 시작했습니다. 당시 의사들은 히포크라테스 의학을 바탕으로 질병을 치료했습니다. 매독 환자들에게 목욕을 시켜 땀을 빼내거나, 부족한 채액을 보충할 수 있는 음식을 먹이곤 했습니다. 독한 약이라고 해 봤자 기껏 채집한 약초들이 전부였습니다. 아무리 독해도 금속의 독성을 따라가지 못했습니다.

독성을 바탕으로 한 치료법은 특히 매독에 유독 잘 먹혔습니다. 파라켈수스가 죽고 얼마 지나지 않아 연금술이 혼합된 의약화학은 스위스에서부터 스페인, 영국, 덴마크, 프랑스, 이탈리아 등 유럽 전역으로 점점 세력을 넓혀 나갑니다.

이후 파라켈수스의 영향을 받은 연금술사들은 매독을 치료하기 위해 독성이 높은 물질들을 자신의 실험실에서 화학적으로 합성하게 됩니다. 맹독성 금속들을 플라스크에서 혼합하여 새로운 물질들을 만들었는데, 이 과정에서 사용되던 화학이 치료제를 개발하기 위한 '의약화학'으로 재탄생하게 되었습니다. 파라켈수스를 비롯한 연금술사들의 플라스크가 없었더라면, 20세기의 혁신적인 합성의약품인 아스피린이나 살바르산은 탄생하지 못했을 것입니다.

이렇게 의약화학과 독성학에 커다란 기여를 한 파라켈수스는 어떤 이유로 죽음을 맞았을까요? 여러 가지 설들이 있지만, 이 가운데 가장 설득력 있는 설은 바로 수은 중독입니다. 그것을 어떻게 아냐고요? 1990년에 과학자들이 무덤에 묻혀 있던 파라켈수스의 시신을 부검해 보았더니 그의 유골에서 중세 사람들의 수십 배에 해당하는 수은이 검출되었기 때문입니다.

수은 중독으로 수척해진 말년의 파라켈수스

앞면의 파라켈수스의 초상화를 한번 보겠습니다. 이 초상화는 파라켈수스가 죽기 일 년 전의 모습이라고 합니다. 그림 속에 나타난 파라켈수스의 얼굴은 수척하고, 턱은 쪼그라들어 있습니다. 다름 아닌 수은 중독으로 인해 많은 병치레를 겪은 데다 이도 거의 빠진 상태였기 때문이죠.

파라켈수스는 점점 악화되는 자신의 병을 고치려고 죽기 전까지 수은을 주요한 재료로 하는 치료제를 찾았다고 합니다. 불행히도 그 당시에는 수은에 독성이 있다는 것이 밝혀지지 않았습니다. 결국 파라켈수스는 자신의 병이 수은 중독이라는 것을 모른 채, 수은에서 치료제를 찾고 있었던 셈이죠.

파라켈수스는 중세의 연금술과 약학을 접목해 현대의 의약화학을 정립하는 데 결정적인 기여를 한 과학자입니다. 그가 제시한 독성의 정의는 현대에 이르기까지 사용되고 있고요. 그랬던 당대 최고의 독성학자 파라켈수스는 역설적으로 수은 중독으로 삶을 마감하고 말았습니다.

독이면서 동시에 약인 해독제

인류의 호기심을 자극한 해독제

독에 대해서 잘 알고 있던 파라켈수스가 역설적으로 죽음을 맞이한 이유는 무엇일까요? 바로 독약과 치료제의 경계가 애매모호해서 전문가도 헷갈리기 쉽기 때문입니다. 사실 독약과 치료제는 서로 반대되는 물질이 아니라 독성을 가진 하나의 물질입니다. 이런 측면을 단적으로 보여 주는 예가 바로 해독제입니다. 해독제는 상황에 따라 치료제가 되었다가 사람을 죽이는 독약이 되기도 합니다. 이런 모호함과 이중적인 성격 때문에 해독제는 오래전부터 수많은 작가의 호기심을 자극해 왔습니다. 중세 소설가 셰익스피어의 작품을 비롯해 여러 추리소설과 서스펜스 영화에서 흥미로운 소재로 자주 이용되어 왔죠.

『로미오와 줄리엣』은 셰익스피어의 가장 유명한 작품입니다.

불운의 주인공인 로미오와 줄리엣이 비극적인 죽음을 맞이하게 된 데에는 집안의 반대를 무릅쓴 사랑도 있겠지만, 진짜 결정적인 역할은 독약이 했죠.

작품 속 등장인물 가운데에는 로렌스 수사가 있습니다. 로렌스 수사는 주인공들의 사랑이 이루어지도록 도와주려고 줄리엣에게 깊은 잠에 빠지게 만드는 벨라돈나 추출물을 건넵니다. 이 식물에서 뽑은 물질은 복용하는 양에 따라 독이 되기도 약이 되기도 합니다. 독약으로 작용하게 되는 약의 용량을 치사량이라고 합니다. 벨라돈나 추출물은 깊은 수면을 유도할 때 사용하는

양이 치사량에 근접해 있어 용량이 조금이라도 많을 경우 죽음의 문턱에 이르게 됩니다. 아주 조금의 차이로 예상 시간보다 훨씬 더 오랫동안 깊은 수면에 빠져 있을 수도 있고요.

벨라돈나의 이런 약리적인 성질을 몰랐던 로미오는 벨라돈나 추출물을 먹고 깊은 잠에 빠져 있는 줄리엣을 이미 죽은 것으로 오해합니다. 그리고 단검으로 스스로를 찔러 삶을 마감하죠. 불행은 여기서 끝나지 않습니다. 깊은 잠에서 깬 줄리엣 역시 옆에 죽어 있는 로미오를 보고는 죽음을 선택해 독약을 먹습니다. 이때 줄리엣이 사용한 독약은 투구꽃속 식물입니다.

투구꽃은 꽃의 모양이 병정들의 투구와 닮았다고 해서 붙은 이름인데, 이 투구꽃속 식물의 독성은 벨라돈나와 비교되지 않을 정도로 강합니다. 투구꽃의 뿌리는 한의학에서 '부자' 또는 '초오'라고 하는데, 꽃잎보다 훨씬 독성이 강해서 중국과 우리나라, 일본에서 오랫동안 사약을 만드는 데 사용했을 정도입니다. 그런 한편으로 약으로 쓰이는 경우도 있었습니다. 바로 독에 중독된 환자에게 해독제로 사용하는 경우죠. 이런 것을 이독제독이라고 부릅니다.

모든 종류의 독을 하나의 약으로 중화시킨다는 만능해독제는 의학이 고도로 발달한 지금도 개발되지 못했지만, 몇몇 특정한 독에 대한 해독제는 존재합니다. 보통 해독제는 중독을 일으킨

다른 독의 흡수를 방해하는 역할을 하는데, 원래 그 자체도 맹독성 물질인 경우가 많습니다. 줄리엣이 죽음을 위장하기 위해 사용한 벨라돈나 추출물도 그렇고, 죽음을 위해 마지막으로 선택한 투구꽃속 식물도 그렇습니다.

무스카린 수용체를 자극하는 아세틸콜린

로미오와 줄리엣에게 비극을 불러일으킬 만큼 독성이 강한 벨라돈나는 어떤 약효를 지닌 식물일까요? 벨라돈나는 우리나라에서 자라지 않아 낯설게 느껴지지만, 벨라돈나에 포함된 유효 화합물은 치명적인 위험성이 없어 치료제로 유용하게 사용되고 있습니다. 벨라돈나에서 추출한 물질 중 유용하게 사용되는 것 중 하나는 스코폴라민입니다. 이 물질은 귀 뒤에 붙이는 멀미약인 키미테에 사용되는 성분입니다. 구토 중추를 억제해 메스꺼움과 구토를 차단합니다. 하지만 스코폴라민을 과도하게 투여하면 환각을 일으킬 수 있습니다. 중세 시대 마녀들은 스코폴라민을 피부에 발라 빗자루를 타고 하늘을 나는 환각을 경험하는 데 사용하기도 했습니다.

벨라돈나에서 발견되는 또 다른 물질 중에는 아트로핀이 있습니다. 아트로핀의 용도는 스코폴라민보다 훨씬 다양합니다. 아

강한 독성을 가져 악마의 풀이라고 불린 벨라돈나

트로핀에는 동공을 확장시키는 성질이 있어서 근시 진행을 억제하거나 녹내장을 예방하는 점안액으로 사용됩니다. 벨라돈나는 이탈리아어로 아름다운 여인이라는 뜻인데, 르네상스 시대에는 벨라돈나 열매 즙을 눈에 넣고 동공을 확장시켜 여성의 아름다움을 돋보이게 했기 때문에 이런 이름이 붙었다고 합니다. 하지만 과량으로 사용하면 실명이 될 수도 있습니다.

또한 아트로핀은 가래나 콧물 같은 점액이 분비되는 것을 억제하는 성질이 있어 천식이나 감기 환자들을 치료하는 데 사용합니다. 호흡 기관이 수술 도중 점액으로 막히는 것에 대비해 수술 전에 아트로핀을 투여하기도 하고, 수술 중에는 심장 박동을 정상적으로 유지시키기 위해 사용합니다. 그뿐만이 아닙니다. 위장관의 경련을 가라앉히는 진경제로도 사용됩니다. 아트로핀은 이처럼 우리 몸의 다양한 증상을 조절하는 데 사용됩니다. 이렇게 다양한 증상들의 배후에는 하나의 커다란 공통점이 있습니다. 바로 '무스카린 수용체'입니다.

평상시 우리 몸은 자율 신경계의 통제를 받습니다. 어두운 곳에 들어가면 동공이 커지고, 갑자기 자동차가 달려오면 심장이 빨리 뜁니다. 맛있는 음식을 먹을 때면 입에 침이 고입니다. 의식적으로 통제하지 않아도 우리 몸은 주어진 상황에 맞춰 생리 활동이 일어나도록 설계되어 있습니다.

자율 신경계는 교감 신경과 부교감 신경으로 나뉩니다. 교감 신경과 부교감 신경은 서로 반대되는 성질의 생리 활동을 담당합니다. 교감 신경은 신체를 긴장·비상 상태로 만들고, 부교감 신경은 그와 반대인 휴식 상태로 만듭니다.

우리가 교감 신경을 활발하게 느낄 때는 시험 보기 하루 전날입니다. 긴장 상태에서 공부를 하다 보면, 심장이 두근거리고 입에 침이 마르기도 합니다. 입맛도 없고, 밥을 먹어도 소화가 잘 안 되죠. 게다가 뇌의 활동량이 많아져서 산소 공급을 위한 호흡 운동도 늘어납니다. 반면 부교감 신경은 심장을 천천히 뛰게 하거나 침 분비를 자극하고, 위에서의 연동 운동을 활발하게 하고 소화액을 분비해 소화와 흡수를 촉진하는 등 에너지를 절약하거나 저장합니다.

휴식을 취할 때, 우리 몸에서는 신경 전달 물질인 '아세틸콜린'의 분비가 이루어지는데, 이 아세틸콜린은 신체 곳곳에 위치한 무스카린 수용체를 자극합니다. 그러면 눈에서는 동공이 수축되고, 입과 기관지에서는 점액이 증가합니다. 호흡과 심박도 느려지고요. 휴식은 신체의 생명을 건강하게 유지하는 데 반드시 필요한 생리 활동입니다. 휴식을 통해 우리 몸의 상처를 치유하고 생존에 필요한 에너지를 충전합니다. 아세틸콜린은 인체가 휴식을 취할 수 있도록 생리적인 상태를 유도합니다.

이뿐만 아니라 인지와 각성에도 중요한 역할을 담당합니다. 각성 상태에서 아세틸콜린은 감각 지각을 강화시키고, 주의력을 향상시키는 역할을 합니다. 아세틸콜린이 제대로 분비되지 않는 경우, 흔히 치매로 알려진 알츠하이머병 같은 퇴행성 신경 질환이 발생할 수 있습니다.

독성을 중화시키는 아트로핀의 길항 작용

이렇듯 아세틸콜린은 생명을 유지하는 데 아주 중요한 물질이지만, 우리 몸속에서 양이 급격히 많아지게 되면 이야기가 달라집니다. 이 경우 아세틸콜린은 치명적인 독으로 모습을 바꾸어, 심장과 호흡을 멈추게 해서 사람을 죽음에 이르게 만듭니다. 그런데 이때 아트로핀을 투여하면 독성을 일으킨 아세틸콜린의 흡수를 일시적으로 방해하는 역할을 합니다. 바로 해독제로 사용되는 것이죠.

특히 아트로핀은 VX로 알려진 독가스의 해독제로 사용됩니다. VX는 1950년대 초반 영국에서 개발된 대량 살상 무기입니다. 당시는 제2차 세계 대전이 끝난 직후라 언제 전쟁이 다시 터질지 모른다는 불안감이 있었죠. 게다가 독일의 나치는 세계 대전 중에 사린, 타분, 소만 같은 여러 종류의 신경 독가스를 이미 개발한 상태였습니다. VX는 나치가 전 세계적으로 불러일으킨 불안감과 긴장감 속에서 탄생한 치명적인 독극물입니다.

다행히 1990년대에 이르러 인류는 VX를 포함한 독가스의 생산을 금지한다는 세계적인 협약을 체결했지만 여전히 게릴라전이나 테러에 줄곧 사용되어 왔습니다. 대표적으로 1995년 일본에서 옴진리교가 벌인 도쿄 지하철 테러가 있죠.

그런데 아트로핀은 어떻게 VX의 독성을 중화시킬까요? 먼저 독가스인 VX가 몸에서 어떻게 독성을 나타내는지를 살펴보겠습니다.

VX는 아세틸콜린의 양을 급격히 증가시킵니다. 우리 몸에는 아세틸콜린을 분해하는 효소가 있어서 아세틸콜린의 양이 일정하게 유지됩니다. 그런데 몸속으로 들어온 VX가 이 효소의 활성을 억제하고 그 결과 아세틸콜린의 양이 급격하게 늘어납니다. 그러면 부교감 신경이 급작스럽게 활성화되면서 심장과 호흡이 멈추게 되고 결국 죽음에 이르게 되는 것이죠. VX에 중독된 사람이 죽게 되는 직접적인 원인은 VX가 아니라 급격하게 늘어난 아세틸콜린 때문입니다.

아트로핀은 아세틸콜린 대신 무스카린 수용체에 결합해 아세틸콜린이 무스카린 수용체에 결합하는 것을 방해합니다. 즉 독성 물질이 우리 몸에 흡수되는 것을 방해하는 셈이죠. 그런데 이상한 점이 있습니다. 아트로핀이 무스카린 수용체에 결합할 때는 왜 독성이 생기지 않을까요? 그 이유는 아세틸콜린은 무스카린 수용체의 구조를 활성 상태로 변화시키지만, 아트로핀은 수용체의 구조를 활성 상태로 변화시키지 않기 때문입니다. 이렇게 수용체의 활성을 일으키는 물질을 활성제(agonist)라고 부르고, 이와 반대로 활성을 저지하는 물질을 길항제(antagonist)라고 부릅니다.

이 상황을 '열쇠와 자물쇠'에 비유하여 설명해 보겠습니다. 자물쇠를 풀려면 자물쇠 구멍에 딱 맞는 열쇠가 필요합니다. 열쇠를 밀어넣는 자물쇠에는 핀이 들어 있는 실린더가 있습니다. 열

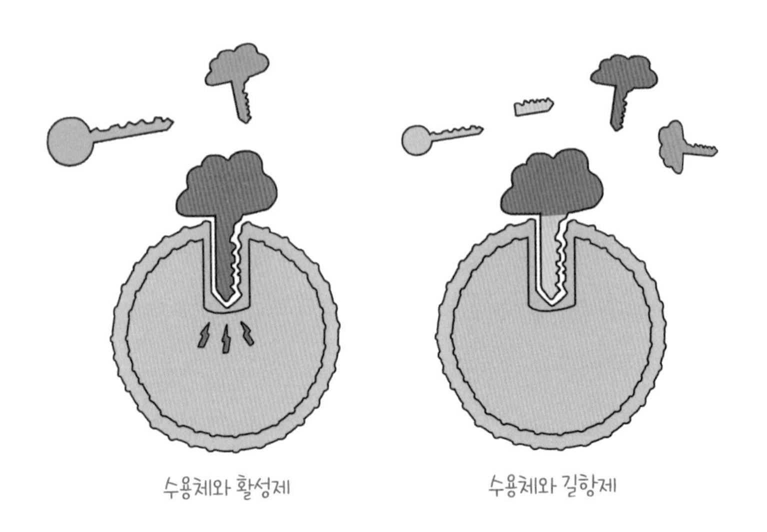
수용체와 활성제　　　수용체와 길항제

쇠를 꽂으면 열쇠의 모양에 따라 핀의 높이가 일정해지면서 자물쇠가 풀립니다. 그러니까 열쇠에는 자물쇠를 풀기 위한 기하학적인 정보가 있는 것이죠.

활성제도 마찬가지입니다. 활성제의 분자 구조 자체가 열쇠 모양에 해당합니다. 그리고 수용체의 활성 부위가 자물쇠의 구멍에 해당하는데, 수용체는 자신의 활성 부위의 구조에 정확히 들어맞는 화합물을 받아들입니다.

열쇠-자물쇠 모형에서 길항제는 '가짜 열쇠'에 비유됩니다. 옛날 영화를 보면, 비슷하게 생긴 열쇠가 잔뜩 달린 꾸러미에서 자물쇠를 여는 진짜 열쇠를 찾으려고 열쇠들을 하나씩 자물쇠에

끼워 보는 장면이 등장합니다. 그러다 진짜 열쇠가 아닌데도 구멍에 들어가는 열쇠를 발견하곤 합니다. 간혹 어떤 열쇠는 구멍에 들어갔다가 자물쇠와 너무 강하게 맞물려 잘 빠지지 않는 경우도 있고요. 열쇠가 들어가긴 하지만 자물쇠는 풀지 못하는 이런 열쇠를 '가짜 열쇠'라고 부르는 것이죠. 바로 이런 가짜 열쇠 역할을 하는 물질들은 우리 몸에서 병을 치료하는 소중한 약이 됩니다.

아세틸콜린과 아트로핀의 관계가 바로 이런 것입니다. 몸속에 들어온 가짜 열쇠인 아트로핀이 자물쇠인 무스카린 수용체에 강하게 결합하면 아세틸콜린이 수용체에 결합하지 못합니다. 아트로핀은 가짜 열쇠이기 때문에 수용체에 결합하더라도 수용체의 스위치를 켜지는 못합니다. 따라서 아트로핀은 아세틸콜린이 일으키는 '반응을 억제'하게 되는 것입니다.

약의 부작용이 생기는 이유

현대에 들어 의약학이 눈부신 발전을 거듭한 덕분에 과거보다 훨씬 우수한 약들이 많이 개발되었죠. 그렇다 보니 우리는 약이 이중성을 갖고 있다는 사실을 종종 잊곤 합니다. 일상생활에서 접하는 뉴스와 기사에서 과학 발전의 긍정적인 측면들이 크게 부각되기 때문에 더욱더 그런 느낌을 받게 되는 것 같습니다.

하지만 우리가 일상적으로 접하는 설명들은 대중에게 효율적으로 정보를 전달하려고 내용을 단순화시킨 경우가 많아 실제와 달라지는 경우도 생깁니다.

예를 들어 보통 약물은 특정한 수용체에만 결합하는 것으로 알려져 있지만, 실제로 약물은 하나의 특정한 수용체가 아닌 여러 종류의 수용체에 결합합니다. 앞서 살펴본 엔세이드 소염진통제의 수용체인 콕스-1과 콕스-2가 여기에 해당하죠.

게다가 수용체는 한 가지 역할만 수행하는 것으로 알려진 경우가 많지만, 실제로는 여러 종류의 생리 활동에 관여하기도 합니다. 무스카린 수용체가 여기에 해당됩니다. 무스카린 수용체는 침이나 가래 같은 점액 분비에도 관여하지만, 동시에 근육 수축에도 관여합니다. 앞으로 살펴보겠지만, 마약성 진통제의 수용체도 같은 경우입니다. 이 수용체는 무통 효과뿐 아니라 중독이나 호흡 억제 같은 치명적인 생리 반응을 일으킵니다. 이런 이유로 모든 약은 필연적으로 부작용을 일으킬 수밖에 없습니다.

약에서 부작용을 완전히 제거하는 것은 완전히 불가능한 꿈일까요? '완벽한 약'의 개발이 언젠가는 가능할지도 모르겠지만, 아직까지 의약학의 지식과 기술에는 한계가 많습니다. 하지만 놀라운 사실은 이러한 한계가 있음에도 최근 100년간 많은 종류의 병을 약을 통해 극복해 왔다는 점입니다.

그런데 새로운 약의 등장은 늘 인류를 치료하는 데 성공하기만 했을까요? 만약 성공하지 못했다면 인류는 불행한 사고들이 일어나지 않도록 어떤 노력을 기울여 왔을까요? 그리고 현대를 살고 있는 우리는 약의 독성으로부터 얼마나 자유로울 수 있을까요?

재미있는 약 이야기 ❹ 시대를 앞서간 파라켈수스

아, 아니, 전 그렇게 급진적이지는 않은 거 같은데요?
아니, 비슷한 점이 또 있어. 여기저기 돌아다니는 것 말이야. 너도 쉬지 않고 밖으로 돌아다니잖아.
하하하

파라켈수스는 열네 살 때부터 유럽 대학들을 떠돌며 공부했대. 더 이상 대학에서 배울 게 없다고 생각한 뒤에는 다양한 부류의 사람들을 만나러 다녔고. 바젤 대학에서 쫓겨난 뒤에도 평생 떠돌았지.

우아. 정말 드라마 같은 삶이에요! 정말 위대한 의사인 거 같아요.
아니, 그렇지만도 않아. 파라켈수스도 당시 사람들처럼 질병도 정령이 일으킨다 믿었거든.

어, 그런데 너의 미래는 심히 걱정스럽구나.
스윽
무슨 말씀이신지?
헉

오늘 방학식 했지? 그럼 성적표는?
....
아
그게 ...

저도 오늘부터 방랑자가 되겠어요!
으이그
허허
쌩

어떤 제약회사는
왜 부작용을 숨길까?

5

약은 언제나 치료제일까?

인류에 대참사를 일으킨 탈리도마이드

기형아를 태어나게 한 탈리도마이드

이쯤에서 이 책의 핵심 주제인 질문을 다시 던져 보겠습니다. 약이란 정말 무엇일까요? 아마도 여러분들은 '약이란 병을 치료하기 위해 먹는 물질'이라고 자신 있게 대답할 것 같습니다. 제 생각도 크게 다르지 않습니다. 하지만 좋은 약의 모습과 정의는 돈 앞에서 크게 달라지곤 했습니다.

탈리도마이드라는 이름의 약물은 출시된 지 얼마 되지 않아 심각한 부작용을 일으킨 사례로 잘 알려진 약입니다. 탈리도마이드가 출시된 1950년대는 수많은 사람이 수면제와 신경 안정제를 복용하던 시대였습니다. 엄청난 사상자를 낸 세계 대전이 끝난 지 얼마 지나지 않은 시기였기 때문이죠. 큰 전쟁을 두 번이나 겪고, 또 언제 다시 닥쳐올지 모르는 불안감 속에서 누가 마음 편히 잘 수 있었을까요?

이에 1957년 독일의 제약회사 그뤼넨탈은 수면제이자 진정제인 '탈리도마이드'를 세상에 내놓게 됩니다. 얼마 지나지 않아 탈리도마이드의 인기는 세계 속으로 뻗어 나갔습니다. 유럽 여러 국가뿐만 아니라 캐나다와 호주로도 진출했죠. 그리고 의사의 처방이 없이 살 수 있는 약품이 되었습니다.

이후 그뤼넨탈은 대대적인 마케팅을 통해 탈리도마이드의 치료 범위를 넓혔는데, 여기에는 임신부들이 겪는 입덧을 완화시켜 주는 내용도 포함되어 있었습니다. 그뤼넨탈은 약의 용도를 넓히기 전에 마땅히 약물의 안정성에 대한 적절한 검증을 거쳐야 했지만, 그렇게 하지 않았습니다.

예고된 불행은 고스란히 임신부들의 몫이 되었습니다. 임신부들이 이 약을 먹기 시작한 지 얼마 되지 않아 기형을 가진 아이들이 태어나기 시작했습니다. 해표지증이라 불리는 병으로, 아기의 팔과 다리가 비정상적으로 짧아 바다표범처럼 보인다고 해서 붙은 이름입니다. 팔다리가 짧은 것뿐만 아니라 손가락과 발가락이 서로 엉겨 붙거나 방광이 막힌 상태로 태어나기도 했는데, 이러한 기형을 갖고 태어나는 경우 생존율은 극히 낮았습니다. 전 세계적으로 바다표범을 닮은 아이들이 1만 명 넘게 태어나면서 탈리도마이드는 출시된 지 5년이 지나지 않아 판매가 중지되었습니다.

판매가 중지된 이후 세계 각국의 피해자들은 그뤼넨탈에 소송을 제기했습니다. 하지만 독일에서의 소송 과정과 이후 회사에서 발표한 사과문은 정말 어처구니없고 우스꽝스러운 코믹극에 가까웠습니다. 그뤼넨탈 측 변호인단은 소송이 무효라고 주장했습니다. 약물이 태아에게 손상을 입혔더라도 독일 헌법상 태아는 법적으로 보호받을 권리가 없다는 이유를 들었죠. 태아는 분명 생명체이지만 인간으로 발달되기 전이기 때문에 법적으로 인권을 부여받지 못한 상태라는 것이 주요한 논리였습니다.

소송은 1970년대까지 계속되었지만, 회사의 어떤 사람도 법

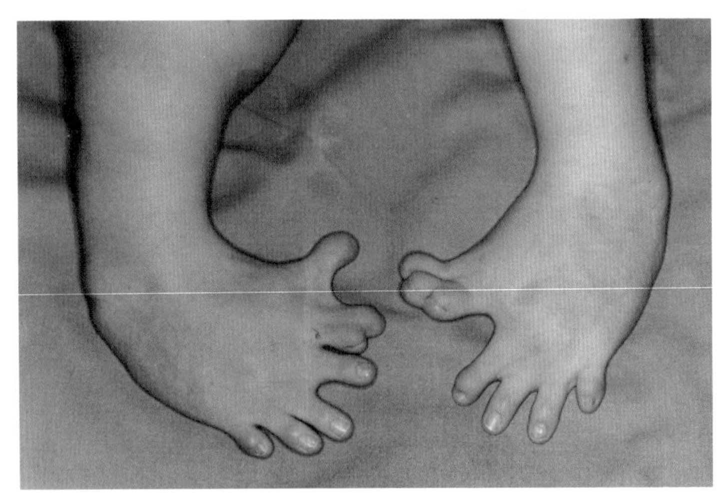

탈리도마이드의 부작용으로 인해 발가락이 붙은 채 태어난 아기

적 책임을 지지 않았습니다. 그저 피해자 가족에게 보상금을 지불하는 것으로 소송이 종결되었습니다. 보상금은 기형을 가지고 태어난 아기 1명당 약 11,000달러였는데, 이것은 당시 기준으로도 상당히 미흡한 금액이었습니다.

그뤼넨탈은 2012년이 되어서야 비로소 사과문을 발표했습니다. 이때는 이미 수많은 희생자가 생기고 50년이 흐른 뒤였죠. 그런데 정말 진심 어린 사과문이었을까요? 피해자들에게 그뤼넨탈이 밝힌 사과문은 다음과 같습니다.

"벌써 50년이라는 세월이 흘렀네요. 그동안 희생자인 어린아이와 부모님들을 일일이 찾아뵙고 죄송하다는 말씀을 드렸어야 했는데, 지금까지 침묵해서 정말 죄송합니다. 하지만 50년 동안의 침묵에 대해서 저희도 그럴 수밖에 없었다는 점을 피해자들께서 이해해 주셨으면 고맙겠습니다. 기형적 장애를 가지고 아이들이 태어나는 것을 발견하고, 저희도 너무 놀란 나머지 50년 동안 말문이 막혀 버렸거든요. 그래서 직접 찾아뵙고 사과를 드릴 때까지 많은 시간이 필요했습니다."

정말 어이없는 사과문이었으며, 이에 탈리도마이드의 피해자들은 격한 울분을 토했습니다.

불행을 피한 미국

탈리도마이드의 피해는 전 세계적으로 일어났지만, 미국은 이 불행한 사고를 피할 수 있었습니다. 그 당시 미국 FDA(식품의약국) 심사관으로 일하던 켈시 박사 덕분이었습니다. 켈시 박사는 외부의 압력에 굴하지 않고 자신의 신념대로 탈리도마이드의 의약품 승인을 거부했습니다.

FDA(Food and Drug Administration)는 의약품의 안정성을 평가하고 의약품 사용의 허가 여부를 결정하는 기관입니다. 세계 대부분의 나라에 FDA가 있고, 나라마다 의약품 승인을 독립적으로 결정합니다. 이 말은 원칙적으로 그렇다는 것이지, 실제로 객관성을 바탕으로 의약품을 승인하는 것은 상당히 어려운 일입니다. 의약품이 의학 선진국들에 의해 이미 승인된 경우에는 특히 그렇죠. 일반적으로 각 나라의 FDA에서는 의학 선진국에서 내린 결정을 신뢰 있는 참고 자료로 활용하기 때문입니다.

미국 FDA의 승인 거부 결정에 당시 미국에서 탈리도마이드를 생산하던 머렐사는 FDA 고위 간부들을 통해 켈시 박사에게 승인 압력을 넣었습니다. 이런 압박에도 켈시 박사의 결정은 확고했습니다. 임신부들이 약물을 복용할 경우 종종 태반을 통해 태아에게 전달되기도 한다는 사실을 잘 알고 있던 켈시 박사는 탈리도마이드의 승인 여부에 상당히 신중을 기합니다. 켈시 박사는 약물의 안정성을 객관적으로 평가하기 위해 제약회사에 더 많은 임상 시험 결과를 요구합니다. 그 결과 안정성 자료가 미흡하다고 판단해 시판 허가를 끝까지 내주지 않았습니다. 그 덕분에 미국은 엄청난 불행을 피해 갈 수 있었죠.

이 탈리도마이드 사건을 계기로 의약품 승인에 필요한 심사 과정은 더욱 엄격해집니다. 탈리도마이드 참사가 일어나고 얼마 지나지 않아, 미국 의회에서는 의약품 허가와 감시 체계를 강화한 법안을 통과시켰습니다. 미국 FDA에서는 약품의 안정성을 검토하는 기간을 늘려 위험한 약물이 조급하게 출시되지 않도록 보완했습니다. 그리고 약의 포장지에 부작용을 명시하도록 하고, 처방 약의 광고를 제한했죠. 탈리도마이드 사건은 오늘날 인류가 의약품을 엄격하게 심사하고 관리하는 승인 제도의 기틀을 마련해 주었습니다.

그런데 탈리도마이드가 우리나라에서도 문제를 일으켰을까요? 다행히 우리나라에는 이 약이 수입되지 않았습니다. 당시 한국 전쟁 직후 베이비붐이 일던 시기였던 터라, 불행 중 다행이 아닐 수 없습니다.

탈리도마이드의 양면성이 생기는 이유

탈리도마이드는 진정 효과가 강해 수면제나 임신부의 입덧을 완화시키는 데 사용되었습니다. 그런데 탈리도마이드는 왜 독약이 되었을까요?

탈리도마이드는 단일 화합물이 아닌, 두 종류의 화합물로 이루어진 약이었습니다. 그런데 그 가운데 하나는 치료제, 다른 하나는 해표지증을 일으키는 독약이었던 것입니다.

탈리도마이드의 두 가지 화합물 구조는 사람의 양손 같은 대칭 구조입니다. 오른손을 거울에 비추면 왼손 모양이 되죠? 화합물의 구조가 이렇게 대칭이 되는 경우가 있는데, 이런 경우를 '광학이성체'라고 부릅니다. 사람의 손에 오른쪽과 왼쪽이 있듯 화합물에도 방향성이 붙게 됩니다. 하나는 '오른쪽 구조', 또 다른 하나는 '왼쪽 구조' 이런 식으로요.

약의 경우, 화합물의 방향성이 바뀌면 우리 몸에서 수행하는 역할도 크게 바뀝니다. 그 이유는 약이 결합하는 수용체의 종류가 바뀌게 되기 때문입니다. 그런 경우 원하지 않는 종류의 수용체 스위치를 켜게 되면서 부작용이 생깁니다.

탈리도마이드에서 오른쪽 성질의 구조(R형)를 가진 화합물에는 진통 작용의 약효가 있었지만, 왼쪽 성질의 구조(S형)의 화합

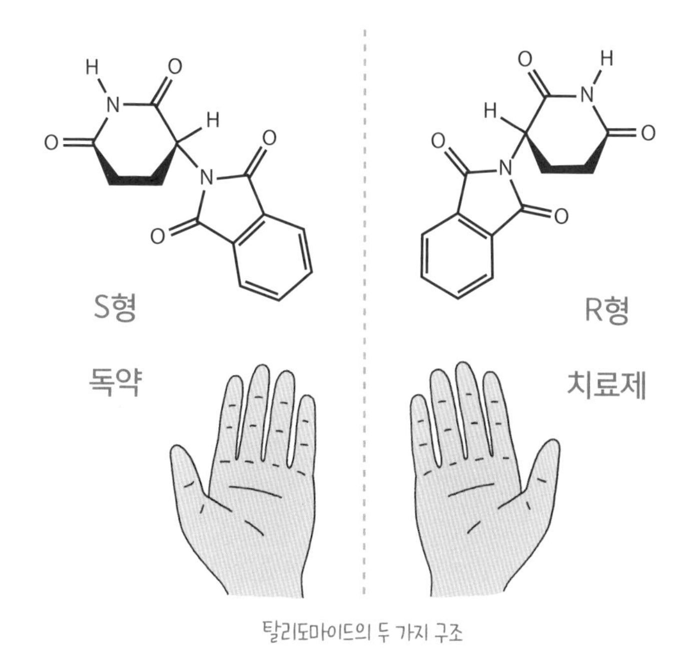

탈리도마이드의 두 가지 구조

물에는 태아의 기형을 초래하는 부작용이 있었던 것입니다. 그럼 치료 효과가 있는 R형 구조의 화합물만 완전히 분리해서 약으로 사용하면 어떨까요? 좋은 생각이긴 하지만, 치명적인 부작용을 없애는 데는 아무런 도움이 되지 않습니다. 우리 몸에는 화합물의 입체 구조를 R형에서 S형으로 바꾸어 주는 효소가 있기 때문입니다.

사람 몸에는 왜 이런 효소들이 존재할까요? 사실 이런 종류의 효소들은 외부에서 침입해 들어오는 독성 물질의 입체 구조를 바꿔 독성을 중화시키는 역할을 수행합니다. 오랫동안 진화 과정을 거치면서 인류를 독으로부터 보호하기 위해 생겨난 물질인 셈입니다. 그런데 불행히도 탈리도마이드의 경우에는 중화 역할을 담당하는 효소가 치료제인 약의 구조를 독약의 구조로 변형시킨 것입니다. 인류가 새롭게 합성한 탈리도마이드를 약으로 파악하기에 진화적으로는 너무 짧은 시간이었나 봅니다.

암 치료제로 부활한 탈리도마이드

하지만 오늘날 탈리도마이드는 치료제로 우리나라뿐 아니라 세계적으로 다시 사용되고 있습니다. 그것도 상당히 훌륭한 신약으로요. 대참사를 일으킨 약이 어떻게 다시 치료제가 되었을까요? 탈리도마이드는 현재 입덧 완화제 또는 수면제가 아닌, 암 치료제로 사용되고 있습니다. 1990년에 혈액암에 효과가 있다는 것이 밝혀졌고, 이후 2007년부터는 치료제로 약물의 사용이 허가되었죠.

이전에도 탈리도마이드가 치료제로 모습을 잠깐 드러낸 적이 있었습니다. 60년대 초, 의약품으로 사용이 금지된 지 얼마 지나지 않아 흔히 나병으로 불리던 한센병의 합병증에 효과가 있다는 것이 밝혀졌거든요. 탈리도마이드를 한센병 환자에게 진통제로 투여했더니, 한센병 합병증의 증상이 완화되는 동시에 병이 악화되지 않게 했습니다. 이후 탈리도마이드는 한동안 한센병 합병증 치료제로 쓰이다가 더 효능이 뛰어난 신약들이 발견되면서 사라지게 됩니다.

그러다 2000년대에 들어 암과 에이즈에 효과가 있다고 밝혀지면서 탈리도마이드는 또다시 주목받기 시작합니다. 탈리도마이드는 어떻게 암 치료에 이용되는 걸까요?

탈리도마이드에는 팔과 다리에서 모세혈관이 형성되는 것을 차단하는 성질이 있습니다. 혈관 생성을 억제하는 성질은 이중성을 가집니다. 태아의 경우 혈관 생성이 억제되면 그 부위에 해당하는 기관의 발달도 같이 억제됩니다. 그래서 태아의 팔과 다리가 결손되는 부작용을 일으켰습니다. 하지만 이런 성질 덕분에 암세포의 성장과 전이를 차단할 수 있습니다. 암세포와 조직은 자신과 연결된 모세혈관을 통해 영양분을 공급받으면서 성장합니다. 하지만 탈리도마이드는 모세혈관의 형성을 억제해 암세포를 굶겨 죽이는 거죠.

이렇게 같은 약이지만 어떤 시대에는 독성과 부작용으로 역사 속으로 사라지기도 하고, 또 어떤 시대에는 잠재적인 치료제이자 훌륭한 신약으로 재등장하기도 합니다. 탈리도마이드의 부작용이 병을 고치는 효능으로 바뀐 것처럼요.

도대체 어디까지가 약이고, 어디까지가 독일까요? 어쩌면 앞으로도 계속 독과 약, 이렇게 두 가지 모습으로 인류 앞에 등장할지도 모르겠습니다.

중독성 없는 마약성 진통제는 없다

통증과 쾌락의 숙명적인 만남

'쾌락은 선이요, 고통은 악이다'라는 말이 있습니다. 그리스의 쾌락주의 철학자 에피쿠로스가 남긴 말입니다. 에피쿠로스의 말처럼 쾌락을 추구하고 고통을 피하려고 하는 것은 보편적으로 선한 가치일까요?

아마도 인생에서 쾌락이 궁극적인 선한 가치인지는 논란의 여지가 있겠죠. 그렇지만 쾌락주의는 훌륭한 생존 전략임에 틀림없을 것 같습니다. 예를 들어 여러분이 뜨거운 사막 한가운데 놓였다고 생각해 볼까요? 여러분은 물을 마시려고 오아시스를 찾을 것입니다. 더위로 인해 수분이 고갈되면 고통스럽기 때문입니다. 우리 몸에 물이 부족하면 생명을 유지하기 힘들죠. 그러다 물을 마시면, 엄청난 쾌감을 느끼게 됩니다. 이처럼 우리 몸은 고통이라는 신호를 보내 생명에 위협적인 상황을 피하고, 쾌감이라는 보상을 통해 생명을 유지하는 데 필요한 것을 추구하도록 설계되어 있습니다.

통증이란 피하고 싶은 극도의 불쾌한 감각입니다. 쾌감이란 통증과 반대되는 감각이고요. 이렇게 쾌감과 통증은 완전히 상반되는 감각이지만, 어쩌면 서로 긴밀하게 연결되어 있을지도 모릅니다. 왜냐하면 일반적으로 생존과 직결되는 감각들의 연결고리는 오랜 진화 과정에서 형성되기 때문입니다. 회피와 중독 또한 마음속 깊은 곳에서 같은 방식으로 우리의 행동에 크게 영향을 주고 있을지도 모르겠습니다.

약 이야기를 하는 도중에 왜 갑자기 철학적인 이야기를 하냐고요? 그건 마약성 진통제가 지닌 중독성을 이야기하고 싶어서입니다. 마약성 진통제는 극심한 통증을 완화시켜 주는 동시에 쾌감을 주기도 합니다. 하지만 심각한 부작용인 중독을 일으킵니다.

앞서 보았듯이 진통제에는 아스피린 계열의 비마약성 진통제도 있지만 마약성 제품도 있습니다. 이들은 같은 진통제임에도 중독성에서 왜 커다란 차이를 보일까요? 그리고 마약성 진통제의 진통 효과와 중독은 서로 뗄 수 없는 관계일까요?

아스피린과 헤로인의 엇갈린 운명

인류가 처음으로 자연에서 발견해 사용한 진통제는 크게 두 가지입니다. 하나는 버드나무 껍질이고 다른 하나는 양귀비 열매의 즙으로 만든 아편입니다. 오랜 시간 인류는 이 두 약초가 가진 유효 성분의 정체를 알지 못한 채 별다른 사회적인 규제나 편견 없이 진통제로 요긴하게 사용했습니다. 그러다가 이 둘의 운명이 극명하게 갈리게 되는 사건이 생깁니다. 바로 1887년 독일의 화학자 호프만이 아스피린과 헤로인을 개발한 것입니다.

아스피린은 최초의 합성약으로 잘 알려져 있습니다. 하지만 같은 시기에 만들어진 합성약이 하나 더 있습니다. 우리도 잘 아는 약이지만 중독성 때문에 마약으로 분류되면서 최초의 합성약이라는 명성을 잃은 헤로인입니다.

아스피린과 헤로인 모두 1887년 독일의 화학자 호프만이 자연계에서 발견되는 분자의 화학 구조를 인공적으로 변형시켜 만든 약입니다. 아스피린은 버드나무 껍질의 살리실산을, 헤로인은 아편의 모르핀을 인공적으로 변형해서 만들었습니다. 그런데 이 두 가지 약물 모두 심각한 부작용이 있었죠. 살리실산은 맛이 너무 쓰고 역해서 삼키기 힘들 뿐만 아니라, 삼키더라도 구역질이 났고 심각할 땐 위장에서 출혈을 일으켰습니다. 모르핀은 중독성이 강해서 장기적으로 복용하면 통증을 없애기 위해 점점 더 약을 많이 먹어야 했고, 심하면 호흡 곤란으로 사망에 이르기도 했습니다.

제약회사 바이엘의 연구원이었던 호프만은 약물의 부작용을 줄이기 위해 살리실산에 식초를 반응시켜 아스피린을 개발합니다. 이때가 1887년 어느 여름이었습니다. 그리고 2주일쯤 뒤에 모르핀에 식초를 반응시켜 헤로인을 개발합니다. 당시에 식초와 반응시키는 아세틸화 반응은 약물의 부작용을 줄여 주는 것으로 알려져 있었죠. 이런 이유로 약학자들은 아스피린과 헤로인을 이복 형제에 비유하곤 합니다. 두 화합물의 개발자가 같을 뿐 아니라 화학 반응도 동일하니까요. 다만 시작 물질이 유래된 곳이 버드나무 껍질과 양귀비 즙으로 다를 뿐이죠.

하지만 같은 연구원에게 태어난 이 둘은 각자 다른 길을 걷게 됩니다. 아스피린은 중독성이 없는 비마약성 약품으로 분류돼 인류 최초의 합성약으로 기록되고 지금까지 진통제로 사용되고 있습니다. 하지만 헤로인은 전혀 다른 길을 걷습니다. 모르핀보다 진통 효과가 수십 배 커지면서 중독성도 함께 커졌기 때문이죠. 헤로인은 진통제로 세상에 모습을 드러낸 지 4년 만에 시장에서 퇴출되었고, 그 뒤로는 뒷골목에서 마약 상인들에 의해 불법적으로 다루어지게 되었습니다.

끝내 해결하지 못한 중독성

아스피린과 헤로인은 둘 다 시작 물질에서 '약간의 구조적 변형'으로 탄생한 것입니다. 그래서 시작 물질인 살리실산이나 모르핀과 비교해 보면, 대부분의 구조가 겹칩니다. 이런 경우를 '반합성체'라고 부릅니다.

헤로인은 마약성 진통제의 심각한 부작용인 중독성을 없애려다가 되려 중독성이 커져 퇴출된 한마디로 '실패한 약'입니다. 하지만 약학자들은 여기서 포기하지 않았습니다. 이번에는 시작

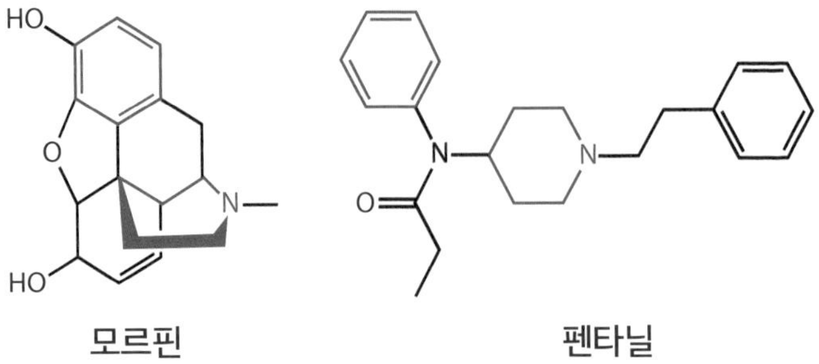

모르핀

펜타닐

모르핀과 펜타닐의 구조. 겹치는 구조는 붉은색으로 표시

물질인 모르핀과 겹치는 구조가 거의 없는 '완전 합성체'를 만든 것이죠.

헤로인이 합성되던 시대부터 약학자들은 모르핀의 반합성체들을 여러 종류의 구조로 만들어 놓았습니다. 이렇게 만들어진 화합물들의 진통 효과를 전부 실험해 보았고요. 1960년, 벨기에의 화학자 폴 얀센은 방대하게 축적된 실험 자료들을 바탕으로 약물 구조에서 진통 효과에 영향을 주는 주요 부분을 찾아내고, 그 부분을 제외한 나머지 구조를 최초 약물인 모르핀과는 전혀 다른 구조로 변형시킨 약을 만듭니다. 이 약의 이름이 바로 펜타닐인데, 펜타닐의 진통 효과는 모르핀보다 500배나 강력했습니다.

그런데 문제가 생겼습니다. 그것도 상당히 심각한 문제였죠. 바로 중독성이었습니다. 강력해진 진통 효과만큼 중독성 역시 커졌습니다. 완전 합성체는 기존 약물의 구조에서 주요한 일부분을 제외한 나머지를 완전히 다른 구조로 만듭니다. 이런 방법을 통해 약물의 구조를 폭넓게 탐색해 나가죠. 그만큼 약물의 활성을 극대화시킬 수 있고요. 제약회사들은 완전 합성체를 이용해 마약성 진통제가 가진 중독성의 문제를 극복하려 했지만 이런 노력들은 모두 실패로 끝나고 말았습니다.

진통제의 끝판왕

마약성 진통제는 진통제를 개발하려는 약학자들이 패배를 쉽게 인정하기 어려운 영역입니다. 비마약성 진통제에 비해 통증을 가라앉히는 효과가 탁월하기 때문입니다. 모르핀의 진통 효과는 아스피린보다 300배 뛰어납니다. 새로 개발된 펜타닐은 아스피린보다 3만 배 뛰어나고요. 하지만 문제는 중독성이었습니다. 기존의 약보다 진통 효과가 뛰어날수록 어김없이 중독성도 같이 커졌습니다.

마약성 진통제의 계보는 다음과 같습니다. 모르핀에서 헤로인이 나왔고, 이후 펜타닐이 탄생했습니다. 모르핀에서 펜타닐까지 가는 동안 진통 효과는 100배 커졌습니다. 이후 카펜타닐이 개발되었는데, 카펜타닐의 진통 효과는 모르핀의 만 배 이상입

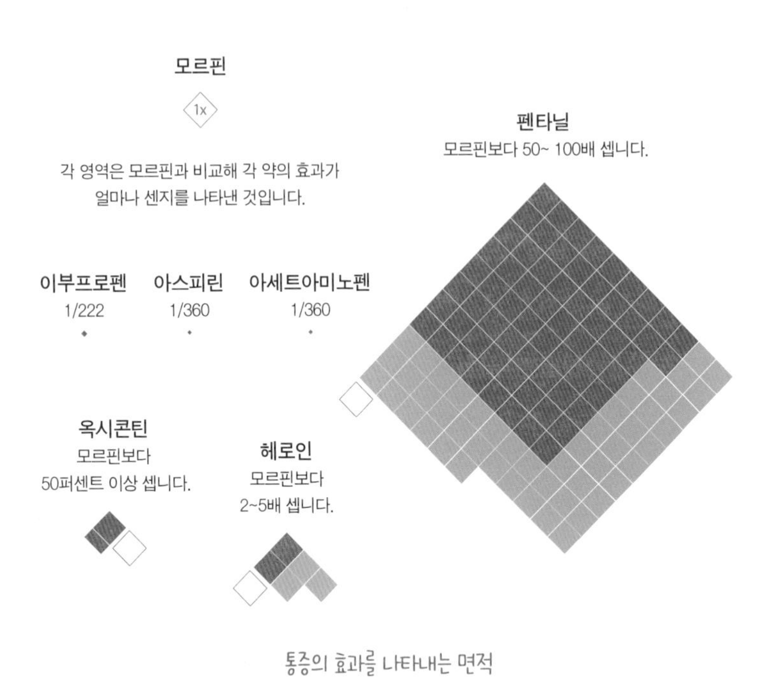

통증의 효과를 나타내는 면적

니다. 이에 비해 비마약성 진통제로 아스피린의 후예인 이부프로펜은 살리실산의 진통 효과를 10배 이상 넘지 못합니다.

그런데 한 가지 특이한 점이 있습니다. 지난 한 세기 동안, 약학자들은 마약성과 비마약성 두 분야에서 진통제를 개발해 왔습니다. 어느 한 분야도 개발을 소홀히 하지 않았죠. 하지만 마약성 진통제 분야에서만 커다란 성과를 거두었습니다. 왜 이런 일이 벌어진 것일까요?

그 이유는 진통제가 우리 몸에서 작용하는 부위에 있습니다.

비마약성 진통제의 경우 통증 부위에 직접적으로 작용하는 반면, 마약성 진통제의 경우 통증을 최종적으로 해석하는 부위인 뇌에 작용합니다.

우리가 통증을 느끼는 방식은 다음과 같습니다. 염증이나 상처가 생기면, 그 부위에서 콕스 효소가 프로스타글란딘을 생성합니다. 아픔을 느끼는 통각 수용체는 뇌와 척추를 제외한 우리 몸의 모든 부위에 있습니다. 프로스타글란딘은 근처의 통각 수용체를 통해 통증 신호를 생성합니다. 이렇게 생성된 통증 신호는 신경 섬유를 타고 척추를 통해 뇌로 전달되죠.

이때 비마약성 진통제는 통증이 일어난 부위에서 통증 신호가 생성되는 것을 억제합니다. 반면 마약성 진통제는 통증 부위에서 뇌로 전달된 통증 신호를 최종적인 단계에서 차단하고요. 이 두 가지 모두 공통적으로 통증 신호를 방해하는 원리를 바탕으로 하니까 약물의 효과 역시 비슷할 것 같지만 사실은 크게 다릅니다. 뇌가 통증을 어떻게 해석하는지에 따라 실제 느끼는 통증의 크기가 크게 변하기 때문입니다.

사실 통증의 크기는 우리 뇌가 전적으로 결정합니다. 뇌는 없는 통증을 만들어 내기도 하고, 있는 통증을 없애기도 합니다. 예를 들어 볼까요? 플라시보 효과는 심리적인 믿음으로 통증 부위에서 발생된 통증 신호를 뇌에서 차단합니다. 그래서 플라시보는 통증 치료에서 가장 큰 힘을 발휘합니다.

또 다른 하나는 환상통입니다. 환상통 환자들은 전쟁이나 교통사고로 팔이나 다리가 잘려 나간 부위에서 통증을 심하게 느낍니다. 통증 신호가 생성되지 않는데도 환자들은 극심한 통증에 시달리는 것이죠.

이런 이유로 마약성 진통제는 비마약성 진통제가 힘을 발휘하지 못하는 환상통 같은 병의 영역에 사용됩니다. 마약성 진통제들은 통증 신호의 크기를 변화시킬 수 있는 뇌에서 통증을 최종적으로 억제하기 때문에 진통제의 끝판왕일 수밖에 없습니다.

중독을 일으키는 본질적인 이유가 밝혀지다

1970년대에 들어서자, 마약성 진통제가 어떻게 강력한 효과를 일으키는지 좀 더 구체적으로 밝혀집니다. 앞서 살펴보았듯이 모든 생리적인 반응에는 궁극적으로 수용체의 활성이 있습니다. 아편성 진통제가 결합하는 수용체는 뇌와 척수에서 발견됩니다. 과학자들은 이 수용체에 '뮤-아편성 수용체'라는 이름을 붙입니다. 뮤-아편성 수용체의 발견은 오랫동안 베일 속에 가려져 있던 아편성 약물의 비밀을 푸는 중요한 단서를 제공합니다.

일단 플라시보 효과의 원리가 규명됩니다. 어떤 이유로 심리적인 믿음이 통증을 치유한 것일까요? 플라시보 효과는 순전히 심리적인 원리를 바탕으로만 한 것일까요?

알고 보니 아니었습니다. 뇌 안에는 마약과 똑같은 역할을 하는 '엔도르핀'이라는 호르몬이 있습니다. 심리적인 믿음이 형성되면 뇌에서 엔도르핀을 분비하는데, 이 엔도르핀이 뮤-아편성 수용체에 결합합니다. 그렇게 해서 몸에서 생긴 통증 신호가 뇌에서 차단되었던 것이죠.

그뿐만이 아닙니다. 마약성 진통제가 어떻게 쾌감과 진통을 같이 일으키는지가 밝혀집니다. 뮤-아편성 수용체는 한 종류의 분자이지만 여러 가지 역할을 '동시에' 수행합니다. 일단 수용체가 활성화되면 통증이 억제되면서 동시에 쾌감을 불러일으킵니다. 이것 때문에 환자들은 어김없이 중독되었고요. 이외에도 뮤-아편성 수용체에는 심각한 부작용을 일으키는 역할이 하나 더 있었습니다. 바로 호흡 억제입니다.

우리 몸은 매 순간 숨을 들이마시고 뱉습니다. 몸속 곳곳에 산소를 공급하기 위해서죠. 숨을 쉬는 활동들을 반사 중추에서 관여하는데, 우리의 의지와는 무관하게 신체에서 자율적으로 일어납니다. 여기에는 음식을 소화시키거나 기침을 하는 등의 무의식적인 생리 활동도 속해 있습니다. 뇌간에 위치한 뮤-아편성 수용체가 활성화되면, 반사 중추가 일으키는 생리 활동이 둔화되거나 억제됩니다. 그 결과 호흡이 느려지고 얕아지게 되죠. 증상이 심해지면 호흡이 완전히 중단되면서 죽음에 이릅니다. 마약성 진통제에 중독된 환자들은 주로 호흡 곤란의 문제로 사망합니다.

그렇다면 여기서 잠깐, 우리 사회는 왜 중독을 엄중하게 다스릴까요? 사실 중독이라는 생리적인 반응 그 자체만 놓고 보면, '궁극적인 악'은 아닙니다. 하지만 마약성 진통제가 일으키는 중독은 다릅니다. 마약에 중독된 사람들은 마약을 얻기 위해 자기 가족을 노예로 파는 등 끊임없이 자신의 삶을 나락으로 빠뜨립니다. 인생을 황폐화시키는 거죠. 그리고 마약이란 여정의 끝에서 약물의 부작용인 호흡 곤란으로 사망하게 됩니다. 그렇기에 마약을 환자 개인뿐만 아니라 사회를 병들게 만드는 위험한 약물로 못박고 엄격하게 제한하는 것입니다.

변비 치료제가 중독을 치료한다고?

여러 번 이야기했듯이 약에는 언제나 '독과 약'이라는 이중적인 성격이 있습니다. 중독성은 마약성 진통제가 가진 독성의 일부일 뿐이죠. 약학자들은 다양한 구조의 약을 합성해 중독성이 없는 마약성 진통제를 개발하려고 노력해 왔습니다. 그러던 중

뮤-아편성 수용체에 길항제로 작용하는 물질에도 관심을 갖게 됩니다. 길항제는 수용체에 대신 결합해 수용체의 활동을 억제하는 물질입니다. 그렇다면 아편성 수용체의 길항제는 진통을 억제하지 못하는 물질일 것이고, 따라서 진통제로 아무런 매력이 없는 화합물입니다.

하지만 이 화합물에는 다른 종류의 매력이 있었습니다. 바로 마약성 진통제가 일으키는 호흡 억제와 중독성 같은 부작용을 치료할 수 있다는 점입니다.

1960년대 날록손이라는 이름으로 등장한 이 화합물은 아편 중독자를 치료하는 데 사용되었습니다. 사실 날록손은 처음부터 아편 중독을 치료하려고 개발한 약이 아니라 변비를 치료하기 위해 개발된 약이었죠.

앞에서 이야기했듯, 마약성 진통제는 반사 중추를 통해 호흡 곤란을 일으킵니다. 그런데 반사 중추는 호흡 운동 이외에도 여러 가지 무의식적 운동인 기침이나 장 운동에도 관여합니다. 마약성 진통제를 복용하면 소화관인 장에서 음식물을 내려보내는 근육의 움직임이 둔화되어 변비가 생깁니다.

날록손은 마약성 진통제로 생긴 변비를 치료했을 뿐만 아니라 극심한 고통을 겪는 암 말기 환자가 마약성 진통제를 장기간 복용해 생긴 변비가 장이 막히는 장폐색으로 발전하는 것을 막아 주었습니다. 이뿐만 아니라 길항 작용을 통해 마약성 진통제에 중독된 환자들이 중독에서 벗어나도록 도와주었고, 호흡 곤란으로부터 구해 주기도 했습니다.

한편 약학자들은 중독성 없는 진통제를 찾던 중, 날록손의 길항 작용에 주목했습니다. 중독성은 없으면서 강력하게 결합하는 날록손의 구조와, 중독성은 있지만 진통 효과가 강한 약물의 구조를 혼합한다면 어떨까 하고요. 하지만 이번에도 헛수고였습니다. 호흡 곤란과 같은 부작용은 줄어들었지만, 통증 억제 같은 긍정적인 효과는 여전히 미약했으니까요.

펜타닐이나 모르핀 같은 마약성 진통제들은 일반적으로 투여되는 용량이 늘어날수록 진통 효과도 끝없이 커지는 성질이 있습니다. 그렇기 때문에 통증이 심해지면 그만큼 약을 증량할 수 있습니다. 하지만 이 약물에는 이런 성질이 없을뿐더러 극심한 통증에 만족스러운 효과를 주지 못했습니다.

마약성 진통제가 지닌 진통 효과와 중독은 빛과 그림자처럼 끊임없이 따라다녔습니다. 진통 효과가 탁월할수록 중독성도 그만큼 강해졌죠. 약학자들은 지난 한 세기 동안 마약성 진통제에서 중독성을 제거하려고 수많은 화합물을 만들어 냈지만 모두 헛수고로 돌아갔습니다. 이런 이중성은 어쩌면 마약성 진통제의 본질 그 자체일지도 모르겠습니다.

치료제로 둔갑한 옥시콘틴

마약성 진통제가 비록 중독성을 가지고 있지만, 진통 효과에 있어서는 그 어떤 약도 따라가지 못합니다. 적어도 지금까지는 요. 하지만 일부 기업가들에게 중독성은 극복 불가능한 문제가 아니었습니다. 마케팅을 통해 중독성을 위험하지 않은 증상으로 재정의하면 되니까요. 그리고 아무리 잘못된 내용을 세상에 퍼뜨려도 새로운 약으로 벌어들이는 수익에 비해 벌금은 새 발의 피인 경우가 허다했습니다. 더욱이 마약성 진통제처럼 중독성이 강한 약을 합법적인 경로로 팔 수 있다면, 정말로 큰돈을 벌 수 있지 않을까요?

실제로 이런 일이 벌어진 적이 있었습니다. 1990년대, 미국의 제약회사 퍼듀파마에서는 '옥시콘틴은 마약성 진통제이지만 중독성이 없고, 따라서 상당히 안전한 약물'이라는 허위 광고와 함께 새로운 약을 시장에 내놓습니다. 아무리 중독성이 있더라도 마약성 진통제는 치료제로 사용되어 왔습니다. 주로 암 말기 환자와 같이 절실하게 필요한 경우에만 극도로 제한해서요. 그런데 퍼듀파마가 '중독성'이라는 말을 유리한 방향으로 재정의하여 규제를 푼 것입니다.

마약성 진통제인 옥시콘틴에 어떻게 중독성이 없을 수 있었을까요? 퍼듀파마에 따르면 이렇습니다. "옥시콘틴을 사용했을 때 다른 종류의 마약성 진통제와 같은 약물 탐닉 현상이 나타나지만, 이런 현상은 중독이 아닙니다. 그 이유는 옥시콘틴에 중독되어 약물을 탐닉하는 것은 신체적인 통증을 완화시키기 위한 행동이니까요. 통증이란 신체적인 현상이고, 중독은 심리적인 요인으로 일어나죠. 그런데 옥시콘틴을 탐닉하는 데에는 신체적인 요인들만이 있고, 심리적인 요인은 전혀 없습니다." 한마디로 아파서 옥시콘틴을 찾는 것은 중독이 아니라는 논리였습니다.

퍼듀파마는 이렇게 옥시콘틴의 안정성을 영업 사원들에게 교육시키고, 마케팅과 홍보 활동을 펼쳐 나갔습니다. 영업 사원들을 의사와 약사에게 보내 옥시콘틴의 안정성에 대한 홍보를 폈는데, 의외로 의학 전문가들이 가지고 있던 옥시콘틴에 대한 생각이 조금씩 바뀌기 시작했습니다. 그들에게 선물도 주고 세미나에 초대하기도 하면서 약의 장점을 설명했기 때문이었죠. 하지만 의학 전문가들은 옥시콘틴이라는 약이 마약과 다름없다는 사실을 모르지 않았겠죠.

의사가 효과에 대해 강한 의구심을 보이면, 영업 사원들은 옥시콘틴의 포장지를 개봉해 '약 설명서'를 보여 주었습니다. 약 설명서에는 미국 FDA에서 이미 승인이 이루어졌으며, 중독성이 없어 사용해도 안전하다는 내용이 적혀 있었죠. 제아무리 저명

하고 실력이 뛰어난 의사라도 약 설명서에 공식적으로 적혀 있는 내용을 틀린 거라고 반박하는 건 쉬운 일이 아니었습니다.

그런데 마약이나 다름없는 옥시콘틴은 어떻게 승인이 났을까요? 옥시콘틴을 생산하던 퍼듀파마가 미국 FDA 심의관을 매수했기 때문입니다. 옥시콘틴의 승인이 이루어진 1995년에 미국 FDA의 신약 심의관은 겨우 다섯 명이었습니다. 이 다섯 명만 잘 구워삶으면 마약이 신약 치료제로 승인될 수 있었던 것이죠.

퍼듀파마는 신약 심의관들에게 거절할 수 없는 제안을 했습니다. 옥시콘틴을 승인한 FDA 심의관 중 두 명은 얼마 뒤 퍼듀파마의 고위 간부로 취업하기도 합니다. 앞서 1960년대 미국 FDA 심의관이었던 켈시 박사가 탈리도마이드의 승인을 끝까지 거부한 것과는 상당히 대조적이죠.

이제 옥시콘틴은 말기 암처럼 절실한 경우뿐만 아니라 통증이 수반되는 광범위한 질병에 처방되기 시작했고, 중독이 사회적인 커다란 이슈로 등장하게 되었습니다. 미국 청소년들이 약장 서랍을 몰래 뒤져서 부모님이 처방받은 옥시콘틴을 훔치는 일이 일어납니다. 경미한 병으로 우연히 옥시콘틴을 처방받아 복용한 경찰관은 약을 처방받지 못하자 약국을 텁니다. 경찰이라도 마약 중독 앞에서는 자신의 의지대로 몸을 움직이지 못했나 봅니다. 불행은 여기에서 끝나지 않았습니다. 영화 〈다크 나이트〉

의 조커로 우리에게 익숙한 배우 히스 레저, 가수 프린스와 조지 마이클도 포함되어 있습니다. 옥시콘틴을 비롯한 마약성 진통제로 죽는 사람이 하루에 200여 명에 이르렀는데, 이는 미국에서 흔한 총기사고나 교통사고로 사망하는 사람의 수보다 비교할 수 없을 만큼 많습니다.

2000년대에 들어서야 마약이나 다름없는 옥시콘틴을 판 퍼듀파마에 소송이 걸리기 시작했습니다. 약물의 안정성에 관한 자료들을 누락시키고, 이로 인한 약의 부작용으로 제약회사가 소송에 휘말리는 일은 비일비재합니다. 그렇지만 제약 회사들이 망하는 경우는 드물죠. 소송에서 져도 내야 하는 벌금이 신약이 벌어다 주는 수익에 비하면 껌값 정도니까요. 하지만 퍼듀파마의 경우는 달랐습니다. 미국 의회에 로비해 약물 관련 법안을 바꾼 혐의로 2010년 엄청난 벌금을 물게 되었고, 사상 초유의 소송에 휘말리면서 지금은 파산을 앞두고 있습니다.

하지만 옥시콘틴은 몇 년 전 우리나라에도 들어왔습니다. 옥시콘틴을 수입하는 회사 측에 따르면, 약물이 몸속에 들어가면 일반 약보다 서서히 방출되는 서방형 약물 제제로 만들어져 마약으로 남용될 가능성은 거의 없다고 주장합니다. 하지만 이 약을 우리나라보다 먼저 사용한 외국에서 옥시콘틴은 마약으로 사용되는 경우가 많았습니다. 이런 이유로 의약품 관계자들의 우려의 목소리는 계속되고 있고, 사건이 끊이지 않고 있습니다. 이런 마약성 진통제는 말기 암 환자들처럼 극심한 고통을 겪는 환자들에게 분명 소중한 약이지만, 약의 범위를 넓히는 것은 우리 사회가 진지하게 고민해야 할 문제입니다.

약으로 시작된 코카콜라

아, 시원하다.
여름엔
뭐니 뭐니 해도
콜라가 최고지!
맞아, 누나.
콜라는 언제
먹어도
맛있어.

코카콜라가 처음에는
약으로 만들어졌다는 건
알고 마시는 거야?
네? 약요?
헉
엥

콜라는 원래 미국의 약사 존
펨버튼이 코카잎과 콜라나무 열매를
섞어 만든 약이자 음료였어. 그래서
이름이 코카콜라야. 코카잎에 든
코카인과 콜라 열매에 든 카페인
덕분에 먹으면 정신이 번쩍 들었지.
존
펨버튼

그, 그럼 마약을
편의점에서
파는 거예요?
당연 아니지.
지금은 코카인 성분을
제거한 코카잎을
향료로 사용한다는구나.
꺅!
잉?

코카콜라는 1893년에는 특허를 신청했고,
얼마 지나지 않아 특허 내용이 공개되었어.
우아, 그럼 우리도 콜라를
만들어 팔 수 있어요?

아니, 당시 공개된 원료와 제조 방법은 지금
콜라를 만드는 방식과 다르거든. 코카콜라는
원료와 제조 방법을 바꾼 뒤 특허를 신청하지
않았어. 특허를 신청하면 신청 후 2년 이내에
제조법을 공개해야 해.
최초의
코카콜라

참, 코카인을 뺐는데도 왜 코카콜라를 마시면 정신이 번쩍 드는 거예요?
그건 콜라 열매에 든 카페인 때문이야.
? ? ? ?

콜라에는 카페인이 들어 있는데, 카페인은 각성 효과가 있을 뿐만 아니라 진통제의 효과를 증폭시켜 주기도 해. 맞다, 게보린이라는 약, 들어본 적 있지? 이 게보린이 바로 타이레놀 성분에 카페인이 들어 있는 약이야.
Coca-Cola
Caffeine

여하튼 다행이에요. 아닌 줄은 알지만, 혹시나 잡혀가는 줄 알았어요.
흠…
사실 코카잎에서 코카인을 제거했다고 하더라도 아주 미량의 코카인은 남아 있어. 하지만….

제가 먹고 혹시 어떤 변화가 있는지 실험해 볼게요.
아, 아니야. 변화가 일어나려면 몇만 캔은 마셔야해. 한 캔에는 너무 적은 양이 있어서 영향을 미치지 않아!
벌컥
벌컥

배만 부르잖아요!!
꺼억

모든 병에
치료제가 있을까?

6

약으로만 치료되지 않을 때

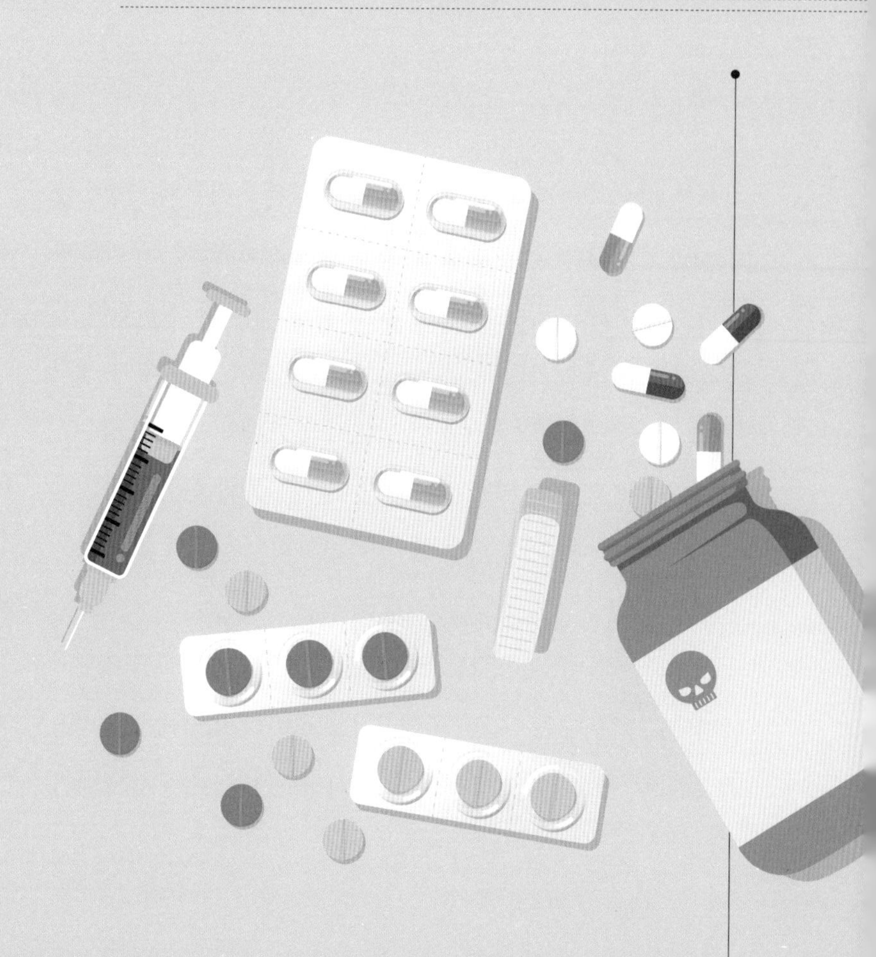

좀비, 심리적인 공포와 마음의 병

영화 속 좀비가 진짜 존재한다고?

보통 병은 수용체라는 생물학적인 이유에서 비롯되는 경우들이 대부분입니다. 그런데 약물의 실제 치유 효과와는 무관하게 심리적인 이유로 병이 치료되기도 합니다. 이렇게 심리적인 방식으로도 병이 낫는다면, 거꾸로 심리적인 요인으로 병이 생길 수도 있지 않을까요? 지금부터 심리적인 효과와 관련한 경우를 살펴보려고 합니다. 바로 심리적인 이유로 몸의 신경계에 손상을 입고 마치 죽었다가 다시 살아난 듯 사회의 노예로 살고 있는 '좀비'입니다.

좀비라는 단어는 상당히 익숙하죠? 할리우드의 영화를 비롯해 〈킹덤〉, 〈부산행〉 같은 우리나라 드라마나 영화에서 좀비들을 많이 봐 왔으니까요. 우리에게 영화 속 좀비들은 무섭게 다가

오기도 하지만 한편으로는 '이거 전부 다 뻥 아니야?' 같은 의심을 불러일으킵니다.

좀비는 단순히 영화를 위해 만들어진 허구적인 소재일까요? 아닙니다. 좀비는 실제로 존재합니다. 바로 중앙아메리카에 있는 섬나라 '아이티'에는 진짜 좀비가 된 사람들이 있습니다. 2000년대 초반만 하더라도 아이티에서는 매해 천 명이 넘는 사람들이 좀비로 변했고, 이후 좀비라는 정신병은 커다란 사회적 문제가 되었습니다.

하지만 아이티의 좀비는 영화 속 좀비의 모습과 조금 다릅니다. 아이티의 좀비는 공격적으로 사람을 물고 물린 사람을 좀비로 변화시키는 전염성 질병을 가지고 있지 않습니다. 오히려 거의 죽은 것처럼 정신 기능을 멈추고 자신을 좀비로 만든 사람의 명령에 굴복하고 순종하도록 길들여집니다.

아이티는 농업이 주요 산업인 국가로, 농사일을 할 노동자가 많이 필요합니다. 좀비가 된 사람들은 대부분 농사일에 투입되었습니다. 좀비가 여자인 경우, 매춘부로 끌려가기도 하고요. 다행히 지금 아이티에서는 사람을 좀비로 만들어 노예로 부리는 것이 불법이 되었고, 적발될 경우 무거운 처벌을 받는 것으로 알려져 있습니다.

좀비를 만드는 독약

아이티의 좀비 이야기를 외국으로 전한 사람은 하버드대학교에서 민속식물학자로 활동하던 웨이드 데이비스 박사입니다. 민속식물학자는 특정 지역에서 전통 약제를 만들 때 사용하는 약초나 생물 자원을 조사해 신약이 될 만한 물질을 탐색합니다. 데이비스 박사는 정상적인 사람을 좀비로 만드는 약제를 조사해 수면 마취제로 사용할 수 있는 물질을 찾으려고 했습니다.

좀비로 만드는 약이 수면 마취제와 어떤 연관이 있을까요? 먼저 좀비가 되는 과정을 살펴보겠습니다. 사람을 좀비로 만드는 사람들은 부두교의 주술사들로, 이들은 부두교의 종교 의식을 행하면서 자신들이 조제한 약을 좀비가 될 사람에게 몰래 투여합니다. 그러면 종교 의식에 참여한 사람은 약 때문에 정신을 잃고, 깊은 수면에 빠져 죽은 걸로 오인받습니다. 깊이 잠든 채 무덤에 묻히면, 주술사들은 특별한 약물을 사용해 이들을 깨웁니다. 이렇듯 좀비가 되는 과정은 수면 마취제로 깊이 잠들었다가 수술 이후 깨어나는 것과 유사합니다. 데이비드 박사는 좀비로 만들 때 사용한 약을 연구하면, 그 안에 포함된 유효 성분을 찾아낼 수 있을 거라고 생각했습니다.

데이비스 박사는 먼저 부두교 주술사들이 좀비를 만들 때 어

부두교 주술 의식에 사용하는
가루를 만드는 아이티인

떤 약을 사용하는지 알아보았습니다. 흔히 좀비를 만드는 약에는 복어 독, 두꺼비, 도마뱀, 사람의 뼛가루, 지네, 타란툴라, 환각성 식물인 다투라 등등 희귀한 생약제들이 들어갔습니다. 상당히 공포스럽고 기괴한 조합이었죠.

이후 박사는 좀비 약에 사용된 약제들의 약리 활성을 토대로 어떻게 좀비가 되는지에 관한 이론을 정립하게 됩니다. 그에 따르면 좀비가 되는 과정에 두 가지 생약제가 주요하게 관여했습니다. 한 가지는 바로 복어 독인 테트로도톡신이고, 또 다른 하나는 환각을 일으키는 식물인 다투라였습니다. 테트로도톡신은 사람 신경계의 정상적인 활동을 중지시키고, 깊은 수면에 빠져들게 만듭니다. 이렇게 죽어 있는 듯 보이는 걸 가사 상태라고 부릅니다. 가사 상태에 빠지면 죽은 것으로 오인 받기 쉽습니다. 의사들이 사람이 죽었는지 살았는지 판단할 때 사용하는 지표인 호흡이나 맥박이 거의 정지된 상태이거든요. 죽은 사람의 장례를 치르고 나면 부두교 주술사들은 몰래 무덤을 파헤쳐 다투라를 투여합니다. 다투라는 환각을 일으키기도 하지만, 강력한 각성 효과도 가지고 있습니다. 죽었던 사람이 주술사가 사용한 독약에 의해 좀비로 다시 태어나는 것이죠.

그런데 좀비는 정말로 약물에 의해 일어나는 병이었을까요? 데이비스 박사는 자신이 정립한 이론을 입증하기 위해 좀비 약을 직접 구해 어떤 성분이 포함되어 있는지를 정밀하게 조사합니다. 그런데 좀비를 만드는 대부분의 약에 테트로도톡신이나 다투라 같은 물질이 거의 포함되지 않는다는 당황스러운 결과를 얻게 됩니다. 알고 보니 좀비가 되는 이유는 독약에 의한 것이 아니라 심리적인 효과 때문이었던 것이죠.

실제로 심리적인 효과는 아무런 물리적인 충격이 없는 상태에서도 사람을 죽게 만들 수 있습니다. 지난 역사를 살펴보면 이와 비슷한 경우가 종종 있었습니다. 제1차 세계 대전에서 상당수의 군인들이 겁에 질려 전투를 벌이기도 전에 쇼크사했습니다. 총에 맞지 않고도 두려움 때문에 많은 사람이 죽은 것이죠. 어떻게 이런 일이 일어날 수 있을까요? 급작스럽고 심한 감정적 스트레스를 받으면 뇌가 호르몬을 분비하는 몸속 기관인 부신과 자율신경계를 통해 심장의 박동을 불규칙하게 하거나 멈추게 만들기 때문입니다.

좀비도 이것과 크게 다르지 않았습니다. 좀비를 만드는 약은 독성 물질이 없는 일종의 가짜 약이었습니다. 하지만 이 약에 주로 사용된다고 알려진 물질들은 복어 독처럼 실제로 사람을 죽일 수 있는 맹독성 물질이거나 두꺼비, 파충류, 타란툴라 같은 혐오스럽고 공포감을 일으키는 것들입니다. 독이 없는 물질들은 사람 몸에 별다른 영향을 미치지는 않았지만 그런 사실을 모르

는 사람들에게 상당한 두려움을 일으켰을 것입니다. 게다가 부두교의 종교 의식에 의해 심리적인 효과는 엄청나게 증폭되었을 테고요.

아이티 원주민들은 오랫동안 부두교 의식에 대해 믿음과 두려움을 갖고 있었습니다. 심지어 자신의 가족이 좀비가 되어 다시 깨어나는 것을 막으려고 시체를 묻기 전에 심장을 칼로 찌르기까지 했습니다. 사랑하는 가족의 가슴을 칼로 찌를 정도로 부두교 의식에 대해 확고한 믿음을 가지고 있었던 거죠. 인간은 심리적인 동물인지라 이렇게 두려움을 일으키는 상황 하나만으로도 병을 일으킬 수가 있습니다. 심지어는 죽음까지도요.

불안증과 우울증은 하나의 신체적인 반응

불행히도 아이티의 좀비 이야기는 우리 사회의 어두운 모습과 전혀 무관하지 않습니다. 좀비와 현대인의 마음의 병은 공통적으로 '공포와 두려움'에서 비롯되기 때문입니다. 좀비는 종교적인 주술로 인한 극도의 공포가 사람을 가사 상태에 빠뜨리고, 오랜 시간이 지나면서 종종 뇌질환으로 발전한 경우입니다. 좀비의 의학적인 병명은 아직 정확히 알려지지 않았지만, 좀비의 주술에 걸려든 사람을 '기질적 뇌 증후군' 또는 '긴장형 조현병'으로 진단하기도 합니다.

종교적인 주술을 통한 극단적인 공포와 두려움이 사람을 좀비로 만드는 것처럼, 어두운 사회 분위기 속에서 계속되는 공포와 두려움은 불안증이나 우울증으로 발전되기도 합니다. 입시 경쟁을 예로 들어볼까요? 우리는 불행히도 입시 성적의 결과가 우리의 인생을 결정한다고 강력하게 믿고 있습니다. 마치 종교처럼요. 종종 성적표에 적힌 숫자들을 통해 앞으로 인생이 어떻게 펼쳐질지를 예측하곤 합니다. 성적표의 숫자로 자신이 입학할 수 있는 대학교가 높은 곳과 낮은 곳으로 갈리고, 이후 학별로 직업의 종류와 경제적인 수입이 결정된다고요. 한마디로 우리는 성적표에 적힌 숫자들에 의해 인생의 틀이 바뀐다고 믿고 있습니다.

우리가 이런 믿음에서 벗어나지 못하면, 성적표의 숫자는 우리에게 커다란 공포감을 불러일으킬 수 있습니다. 생각해 보면, 부두교의 주술이나 우리가 받는 성적표의 숫자 사이에는 별다른 차이가 없습니다. 불안이란 '저런 상황이 일어나면 어떡하지?'라는 생각들과 함께 일어나는 불편한 느낌입니다. 예상되는 상황은 대부분 불행한 종류의 사건들로 구성되어 있죠. 예를 들어 청소년들은 좋지 못한 성적을 받게 될까, 자신의 진로와 인생이 좋지 못한 방향으로 펼쳐지지 않을까 두려워하고 불안을 느끼죠.

불안은 불안에서 그치지 않고, 우울한 느낌을 불러일으킵니다. 우울과 불안이 지속되면 생각과 감정에 대한 통제력을 상실하게 되고, 종종 강박이 스며들 수도 있습니다. 그러면서 일상적인 생활 속에서 경험하는 느낌이 아닌, 불안증이나 우울증 같은 병적인 상황으로 발전하게 됩니다.

최근 공포와 두려움이 병리적 증상인 우울증과 불안증을 어떻게 불러일으키는지가 밝혀졌습니다. 이런 병리적인 반응은 뇌의 편도체라고 불리는 영역에서 일어납니다. 편도체에서는 공포 및 두려움을 일으킨 사건들의 기억을 저장하기도 하고, 감정을 조절하기도 합니다.

편도체가 자리 잡고 있는 뇌의 영역은 변연계로, 뇌의 아랫부분에 위치합니다. 이 영역은 진화적으로 거대한 시간에 걸쳐 쌓아 올려진 건물의 기반을 지탱하는 지하실에 해당합니다. 건물의 기반이 흔들리면, 건물이 쉽게 무너져 내리겠죠? 인간의 몸과 마음도 마찬가지입니다. 편도체의 비정상적인 활동은 인간의 정서에서부터 신체의 생리 활동까지 영향을 미칩니다.

또 한 가지 흥미로운 사실은 바로 불안과 우울이 다른 종류의 느낌인 듯하지만, 실제로는 동전의 양면처럼 되어 있다는 것입니다. 공포와 두려움으로 편도체가 비정상적으로 활성화되면 불안과 우울이 동시에 활성화되기 때문입니다. 우리는 불안과 우울을 완전히 다른 방식으로 느끼지만, 둘 중 하나가 찾아오면 다른 하나가 곧이어 모습을 드러내죠. 그래서 불안을 호소하는 사람들은 대부분 우울증을 겪기도 합니다.

그렇다면 이런 심리적인 상황을 개선할 수 있는 약을 만들 수 있을까요? 어쩌면 가능할 것도 같습니다. 왜냐하면 심리적인 상황들로 인해 생긴 마음의 병도 뇌에서 어떤 생리적인 변화를 통해서 일어나니까요. 우울증의 경우, 생리적 반응의 이상을 일으키는 부위는 편도체입니다. 앞서 다루었듯이, 치료제의 원리는 약물이 특정 수용체에 결합해 세포의 반응을 적절하게 바꾸어 주는 것입니다. 편도체 역시 작은 크기의 세포와 분자인 수용체로 이루어져 있습니다. 지난 반세기 동안, 의약학자들은 이렇게 인체를 구성하고 있는 작은 단위체들을 통해서 심리치료제를 개발하려고 노력해 왔습니다. 이제부터 항우울제가 인류의 역사 속에서 어떻게 등장하게 되었는지를 살펴볼까요?

심리치료제와 마음

인류는 어떻게 마음을 치유했을까?

일상생활에서 여러분의 마음은 어떤가요? 시험과 입시에 쫓겨서 불안하기도 하고 초조함을 느낄 때도 있겠죠. 때로는 아무리 노력해도 자신이 원하는 만큼 공부가 머릿속에 들어오지 않을 때도 있고요. 친구나 가족과 원만한 관계가 형성되지 않아 크게 스트레스를 받을 수도 있습니다. 이렇듯 우리의 마음은 다양한 심리적인 상황 속에 놓이게 됩니다. 다행스럽게도 의약학이 고도로 발달한 21세기를 사는 우리 곁에는 다양한 종류의 심리치료제들이 있습니다. 우울증에는 항우울제가, 불안과 초조함에는 신경안정제가 있죠. 심지어 집중을 도와주는 약들도 있습니다.

그런데 의약학이 발달하지 않은 과거에는 심리적인 문제들을 어떻게 해결했을까요? 바로 아편과 코카인, 대마를 통해 해결하곤 했습니다. 이 세 가지 약물들은 지금 우리에게 마약으로 알려져 있지만, 부작용이 잘 알려져 있지 않던 예전에는 이 약물들을 상황에 맞게 활용해 심리적인 어려움이나 내면의 갈등을 풀어 왔습니다. 앞서 이야기했듯이 아편에는 진통 효과뿐만 아니라 진정 효과가 있습니다. 과거에는 이런 효과를 가진 아편을 이용해 불안과 초조함을 해소했습니다. 아편은 '인류 최초의 항불안제'였죠. 코카인과 대마도 비슷했습니다. 지금 사람들이 피곤한 일상에서 커피를 찾듯이, 과거의 인류는 코카인을 사용했습니다. 대마는 아편의 진정 효과와 코카인의 각성 효과 두 가지를 동시에 가지고 있습니다. 지금 이 세 약물은 모두 마약으로 규정되어 일상생활 속에서 사용이 엄격히 금지되어 있습니다.

하지만 약물만이 마음을 치료하는 유일한 수단은 아닙니다. 마음의 고통은 어떤 특정한 심리적인 상황에서 비롯된 것이어서 심리적인 이유들로 설명이 가능합니다. 20세기 초, 프로이트에 의해 정신분석학이 세상에 모습을 드러냅니다. 정신분석학은 환자들의 심리를 분석해 우울증이나 강박증 같은 마음의 병을 치유할 수 있다는 학문입니다. 프로이트는 병의 원인을 환자들의 무의식이라는 깊은 단계에 놓인 심리적인 이유에서 찾았습니다. 예를 들어 환자들의 유년기에 형성된 불행한 기억이 성인이 되어서 심리적인 병으로 나타난다거나, 아니면 문명이 나타나기 시작한 오래전 과거에 형성된 무의식의 억압이 병에서 중요한 역할을 한다고 본 것입니다. 오이디푸스 콤플렉스가 여기에 해당하죠.

정신분석학자들은 심리 분석을 통한 치료 외에도 약물을 보조적으로 사용합니다. 프로이트는 신경이 과민한 환자들에게 아편을, 우울증처럼 심리적으로 무기력한 환자들에게 코카인을 사용했습니다. 어떨 땐 약리적으로 반대 성질을 가지고 있는 코카인과 아편을 병행해 치료하기도 했고요.

전통적인 약물들은 환자들에게 도움을 주기도 했지만, 한 가지 커다란 문제가 있었습니다. 바로 중독입니다. 프로이트 역시 중독이라는 문제를 피하지 못했습니다. 프로이트가 치료하던 일부 환자들은 중독으로 폐인이 되기도 하고, 목숨을 잃기도 했죠.

정신분석학이 등장했을 때만 하더라도, 약물의 중독성 문제에 대해 거의 알려진 바가 없었습니다. 약물 중독은 약물을 투여하는 방식에 따라 크게 좌우되는데, 거의 같은 시대에 중독성을 급격히 증가시키는 코로 흡입하는 방식이나 주사기로 혈관에 투여하는 방식이 개발되었기 때문입니다. 중독성의 문제가 20세기 초부터 본격적으로 알려지기 시작하면서 인류의 등장과 함께 사용되어 온 약물들이 모두 마약으로 분류되었죠. 중독 문제가 사회적으로 심각하게 치닫자, 인류는 중독성이 없으면서 동시에 불안과 우울을 줄여 주는 새로운 치료제를 절실히 찾기 시작했습니다.

새로운 심리치료제의 시작

심리치료제에 대한 실마리는 1940년대 프랑스의 외과 의사 앙리 라보리에 의해 풀리기 시작했습니다. 그는 정신과 의사도 아니었을뿐더러, 정신의학에 대해 지식도 전혀 없었습니다. 라보리는 제2차 세계 대전 때 전쟁터에서 부상을 입은 환자들의 외과 수술을 담당하는 군의관으로 일하고 있었죠. 그런데 환자의 피부를 절개하고 봉합해 부상을 치료하는 외과 의사가 어떻게 심리치료제 개발에 결정적인 기여를 했을까요?

당시 전쟁터에서는 병사들이 신체 부상이나 외과 수술의 후유증 때문이 아니라 불안과 두려움이라는 심리적인 이유로 죽는 일이 잦았기 때문입니다. 의학 기술이 발달한 지금도 많은 환자들이 큰 수술을 앞두고 '수술이 잘못되면 어쩌지?' 하는 두려움과 불안에 떨곤 합니다. 그러니 의학 기술이 발달하지 못했던 과거 사람들은 지금보다 훨씬 더 심각한 두려움과 불안에 떨었겠죠.

맹장 수술처럼 간단하게 여겨지는 수술조차 1940년대에는 큰 수술이었고, 기술적인 문제로 많은 사람이 사망했습니다. 수술

을 집도하는 의사들은 언제나 최선을 다했지만, 수술의 경과와 결과는 아무도 장담하기 힘들었죠. 게다가 수술은 환자의 몸을 날카로운 칼로 절개해서 병이 퍼진 부위를 떼어 내고 피부를 다시 봉합하는 과정입니다. 성공적인 수술 결과를 예측하기 힘든 상황에서 수술용 메스를 들고 있는 의사는 마치 공포 영화에 등장하는 살인마 같았을 것입니다. 수술도 살인마에 의해 무자비하게 난도질당하는 것처럼 느껴졌을 테고요.

불행히도 불안감과 두려움은 수술을 앞둔 환자들에게 심리적인 반응으로만 생겨났다가 사라지지 않았습니다. 수술 도중 갑자기 심장 박동이 불규칙적으로 변하기도 하고, 호흡 역시 불안정해지기 일쑤였습니다. 혈압이 급격하게 상승해 과다 출혈로 사망하기도 했고요. 당시에 이런 현상을 '수술 쇼크'라고 불렀습니다.

항히스타민제에서 발견한 심리치료제의 실마리

수술 결과에 대한 비관적인 생각이나 불안, 두려움 등은 머릿속 생각이나 기껏해야 심리적인 느낌에 불과합니다. 그런데 이런 느낌이 어떻게 생명을 위협할 정도의 신체적인 반응을 일으킬까요? 앞서 좀비 이야기를 통해서 살펴보았듯, 육체와 마음은 서로 완벽하게 분리되어 있지 않습니다. 우리 몸에는 육체와 마음을 연결하는 물질들이 존재하는데, 이런 물질을 '신경 호르몬'이라고 부릅니다.

신경 호르몬은 혈액을 타고 돌아다니면서 우리 몸이 심리적인 상황에 적절하게 반응하도록 이곳저곳에 메시지를 전달하는 역할을 합니다. 일상에서 우리는 긴장과 휴식을 반복하면서 신경 호르몬의 활동을 종종 경험합니다. 앞서 다룬 교감-부교감 신경의 균형을 조율하는 아세틸콜린이 그 대표적인 예죠. 아세틸콜린의 활성이 억제되면 부교감 신경이 억제되어 불안과 두려움에 휩싸였을 때와 비슷한 생리 반응이 일어납니다. 심장이 두근거리고 호흡이 빨라지며 소화도 잘되지 않죠.

수술 때 불안과 두려움에 떠는 환자도 마찬가지입니다. 수술 도중, 몸속에서 어떤 미지의 신경 호르몬이 생명에 위협적인 생리 반응을 일으킵니다. 만약 수술 도중 발생하는 이런 신경 호르몬의 활동을 막는 물질이 있다면, 수술 쇼크의 치료제가 될 수 있지 않을까요? 라보리는 수술 쇼크를 일으키는 신경 호르몬으로 '히스타민'을 지목했습니다. 당시 히스타민은 피부를 붓게 하거나 가렵게 하는 알레르기나 속쓰림 같은 불편한 생리 활동을 일으키는 물질로 밝혀져 있었습니다. 그래서 많은 제약회사에서 앞다투어 히스타민을 억제하는 물질인 '항히스타민제'를 찾고 있었죠. 제약회사들은 항히스타민제를 다양한 구조로 합성해 보면서 약효를 실험했습니다.

당시 프랑스의 롱프랑 제약회사(지금은 사노피로 이름이 바뀜)에서 항히스타민제를 개발하고 있었는데, 라보리는 이 회사에서 수술 쇼크 치료제의 후보 물질로 사용할 여러 종류의 화합물을 확보합니다. 이 화합물들은 대부분 졸림이나 멍해지는 부작용이 심해 개발이 중단된 화합물들이었죠. 그런데 라보리는 왜 부작용이 심한 항히스타민제에 관심을 가졌을까요?

바로 항히스타민제의 부작용이 심리적 불안과 두려움을 완화시킬지도 모른다고 생각했기 때문입니다. 당시에 개발된 대부분의 항히스타민제는 먹으면 졸리기도 하고 머릿속이 멍해졌습니다. 생각이 줄어들면 불안을 일으키는 나쁜 생각도 당연히 줄어들겠죠. 라보리는 환자에게 항히스타민제를 수술 며칠 전부터 투여했고, 수술이 시작되기 직전에 사용되는 수면 마취제에도 첨가했죠.

라보리의 생각은 적중했습니다. 라보리가 선택한 항히스타민제는 수술을 앞둔 환자들에게 심리적인 변화를 일으켰습니다. 환자들은 수술 날짜가 다가올수록 불안과 초조함에 고통을 겪었지만, 항히스타민제를 투여받은 뒤에는 이런 문제에서 해방되었습니다. 자신이 수술받는 날짜를 잘 알고 있었지만, 수술 일정에 무관심해지기도 했고요. 그뿐만 아니라 수술 전 사용하는 수면 마취제의 양이 항히스타민제의 첨가로 현저히 줄어들었고, 수술 후 통증을 줄이는 데 필요한 진통제의 양 역시 크게 줄었습니다. 기존에는 수면 마취나 통증은 순수하게 신체 문제로만 인식되었지만, 실제로는 정반대였던 것입니다.

이후 라보리는 정신과 의사들을 설득해 이 약을 조현병 환자들에게 투여하게 됩니다. 조현병 환자들은 별다른 의미 없는 말을 혼자서 중얼거리기도 하고, 환청이나 환각을 경험하기도 합니다. 이런 조현병 환자들 중에는 난폭한 활동을 보이는 환자들도 있었습니다. 이런 환자들에게 라보리의 항히스타민제는 또한 번 획기적인 성공을 거둡니다. 폭력과 흥분을 통제하지 못해 정신 병원에 갇혀 있어야 했던 조현병 환자가 차분한 마음을 가질 수 있도록 회복시켜 사회로 복귀시킬 수 있게 된 것입니다. 이런 일련의 성공 사례들을 통해 라보리의 항히스타민제는 소라진(성분명은 클로로프로마진)이라는 이름의 약으로 세상에 모습을 드러냅니다.

클로로프로마진이 조현병 치료제로 등장한 지 얼마 지나지 않아, 스위스의 제약회사 가이기에서 클로로프로마진의 화학 구조를 변형해 수면제를 만들기 위한 임상 실험을 시작했습니다. 불안으로 잠을 설치는 환자들에게 변형된 약물의 효능을 시험해 보았는데, 실험에 참가한 사람들 중에 우연히 우울증 환자들이 많이 있었습니다. 그런데 이 실험에서 예상하지 못한 일이 벌어졌습니다. 새로운 약이 환자들에게 심리적인 활력을 불어넣은 것입니다.

상당히 놀라운 발견이었습니다. 화합물의 구조가 아주 약간 변형되었을 뿐인데, 심리적으로는 완전히 다른 반응을 일으켰으니까요. 불안과 우울이 심리적으로 같은 원인을 가지고 있어서일까요? 어쨌든 이렇게 발견된 신약은 이미프라민이라는 이름으로 세상에 모습을 드러냅니다.

이때부터 심리적 병에 대해 커다란 인식의 변화가 일어나기 시작했습니다. 정신분석학은 정신의학에서 자신이 지키던 자리를 점차 내주어야 했습니다. 그때까지만 하더라도 의약학자들은 우울증을 무의식의 갈등 같은 심리적인 원인으로만 이해했거든요. 하지만 이미프라민을 복용한 환자들이 심리적인 문제에서 벗어나면서 우울증의 원인도 생물학적인 이상으로 받아들여졌습니다. 인식의 변화는 여기서 그치지 않고, 심리적인 병도 수용체의 이상으로 일어나는 일종의 '분자적인 질환'으로 보는 이론의 초석이 됩니다.

세로토닌 수용체만 선택적으로 억제하는 프로작

1950년대 약학자들은 항히스타민제에서 항우울제를 발견했습니다. 항우울제는 불안을 줄여 주고, 심리적으로 지친 사람들에게 활력을 불어넣어 줍니다. 그런데 항우울제의 원리는 무엇일까요? 모든 약물은 몸속의 어떤 수용체와 결합해 약리적인 성질을 나타내죠. 그럼 항히스타민제가 우울과 불안을 개선하는 데에는 어떤 수용체가 관여할까요? 여기에는 히스타민 수용체가 아니라, 세로토닌 수용체가 관여한다는 것이 스웨덴의 약리학자 아르비드 칼손에 의해 밝혀집니다.

1960년대 칼손은 세로토닌 수용체가 우울증에 결정적으로 관여한다는 이론을 제시합니다. 칼손의 이론은 '뇌에서 세로토닌이 부족하면 우울증이 발생한다'는 것으로, 현대를 살고 있는 우리에게는 상당히 익숙한 내용입니다. 인류의 오랜 미개척지였던 감정이라는 현상이 세로토닌이라는 분자의 활동에 의해서 결정된다니, 당시로서는 상당히 획기적인 발견이 아닐 수 없었겠죠. 칼손은 이 발견으로 노벨 의학상을 받았습니다.

그 뒤로 제약회사들은 세로토닌 수용체만 선택적으로 억제하는 물질을 찾기 시작했습니다. 이번에도 역시 기존에 사용되고 있는 항히스타민제의 구조를 변형해 새로운 항우울제를 탐색했죠. 시작점으로 사용한 약은 '디펜히드라민'이라는 항히스타민제입니다. 디펜히드라민은 첫 세대 항히스타민제로, 약을 먹으면 멍하고 졸리는 약리 작용이 있습니다. 약이 개발되던 당시에는 부작용이었지만 지금은 이런 효과 덕분에 불안을 줄이거나 수면을 유도하는 데 사용됩니다.

세로토닌 수용체만 선택적으로 억제하는 약을 'SSRI(선택적 세로토닌 재흡수 억제제)'라고 부릅니다. 현대에 들어 사용되고 있는 대부분의 항우울제인 SSRI는 디펜히드라민의 구조를 변형해 만든 것입니다. 1970년대 제약회사 일리아 릴리에서 개발한 '프로작'은 인류가 디펜히드라민의 구조를 변형해 만든 첫 번째 항우울제입니다. 프로작은 '행복을 가져다 주는 약(해피 필)'으로 대중에 알려졌습니다.

항우울제는 정말로 '행복을 주는 약'일까?

프로작은 해피 필이라고 알려져 있지만, 이름과 달리 약물이 사회에 미친 영향은 불명예스러운 점이 많습니다. 사실 프로작은 부작용으로 인해 유럽의 여러 FDA에서 승인을 받는 데 많은 어려움을 겪었습니다. 일리아 릴리는 독일에서 처음으로 승인을 받으려고 시도했지만 거부당했습니다. 그 이유는 바로 불안과 자살의 위험성을 높인다는 심각한 부작용 때문이었습니다. 독일 FDA에서 쓴맛을 본 일리아 릴리는 의학 선진국인 스웨덴의 FDA를 통해 승인을 시도합니다. 심의관을 매수하는 부정적인 방법으로 말이죠. 일단 의학 선진국에서 승인이 이루어지면 다른 나라에서도 승인이 쉽게 이루어지니까요. 스웨덴에서 승인을 받고 이를 기점으로 전 세계로 승인을 확장시킬 심산이었죠. 하지만 스웨덴에서도 승인에 실패합니다.

그러다가 일리아 릴리는 마침내 미국 FDA를 통해 승인을 받습니다. 1980년대 미국 FDA의 약물 승인 절차가 느슨해진 점을 노린 거죠. 일리아 릴리는 프로작이 인류 최초의 SSRI인 신약이라는 점과 '행복을 가져다주는 약'이라는 파격적인 마케팅을 펼

치면서 커다란 성공을 거둡니다. 1990년대에는 세계에서 제일 잘 팔리는 약이 되기도 했고요.

하지만 불행히도 프로작 역시 탈리도마이드처럼 대참사를 일으켰습니다. 많은 사람이 프로작으로 인해 자살이나 살인을 한 것입니다. 이후 일리아 릴리는 집단 소송에 휘말리고 압수 수색을 당합니다. 이때 회사 내 문서 창고 깊숙이 보관되고 있던 약물의 부작용에 관한 의미심장한 내용의 문건들이 세상 밖으로 쏟아져 나오기 시작했습니다. 여기엔 독일 FDA에서 승인이 거절된 이유에 해당하는 불안과 자살의 위험성 증가 같은 내용이 있었습니다. 많은 사람을 자살과 살인으로 몰고 간 불행한 사고가 일어나기 전에 일리아 릴리는 이미 이런 가능성을 충분히 알고

세탁 세제처럼 우울함을 씻어 준다는 프로작 광고

있었던 것이죠.

하지만 일리아 릴리는 프로작으로 인한 자살과 살인을 환자의 성향 탓으로 돌렸습니다. 약은 환자들의 우울증을 개선하려고 했지만, 환자의 정신적인 성향이 원래부터 그랬다는 식의 논리를 편 것이었죠.

프로작은 우울증으로 기력이 없는 사람들에게 활력을 불어넣어 주는 항우울제입니다. 현대 의약학이 탄생시킨 참으로 고마운 존재죠. 하지만 어떨 땐 활력이 치명적인 독이 되기도 합니다. 어째서일까요? 항우울제는 정좌불능증이라 불리는 증세를 유발해 차분하게 가만히 있지 못하고 끊임없이 어떤 행동을 취하도록 만듭니다. 각성 효과가 강한 커피나 에너지 음료를 마시고 난 뒤 가끔 이와 비슷한 상황을 겪곤 하죠. 너무 초조한 나머지 안절부절못할 때도 있습니다. 무언가 끊임없이 행동을 취하지만, 침착하게 자신이 원하는 일을 수행하지 못하기도 합니다. 어떤 경우엔 우리가 원하지도 않는 행동을 하거나 지나친 각성 효과 때문에 통제력을 잃고 말실수를 하기도 하죠.

항우울제의 부작용이 이 정도의 일탈만 일으켰다면 별 문제가 없었을 것입니다. 하지만 항우울제는 어떨 땐 부정적인 생각들을 자극하기도 하고, 어떨 땐 자살 충동이나 살인 충동을 느끼게 합니다. 살인 충동에 못 이겨 미국과 유럽에서 총기사고가 일어나기도 했습니다. 놀라운 점은 자살을 하거나 살인을 저지른 사람들이 평상시에는 조용하고 사회적으로 순탄한 삶을 살았다는 것입니다. 항우울제로 자살한 사람들 중에는 예전에 우울증을 심각하게 겪지 않았던 사람들도 있었습니다.

항우울제는 자살이나 살인 같은 극단적인 부작용뿐만 아니라 일상생활에서도 다양한 종류의 부작용을 일으킵니다. 항우울제는 우울감뿐만 아니라 희로애락 같은 복잡한 감정 활동을 마비시키곤 합니다. 우리는 살면서 눈물을 흘리기도 하고, 울음을 터뜨리기도 합니다. 연인이나 가족처럼 인생에서 중요한 사람을 잃었을 때에는 눈물을 참을 수 없죠.

우울해서만은 아닙니다. 영화를 보고 난 뒤 깊은 감동을 느끼거나 힘든 상황들이 지나간 뒤, 또 희망찬 미래를 꿈꾸며 눈물을 흘리기도 하죠. 이런 반응을 카타르시스, 즉 정화 작용이라고 합니다. 힘든 일로 형성된 심리적인 억압이나 트라우마가 이런 작용을 통해 해소되기도 합니다. 어쩌면 눈물과 울음이란 내면 깊숙이에서 병든 마음을 치유하는 고등한 심리 기제의 일부일지도 모릅니다. 그런데 불행히도 항우울제는 이런 심리적인 활동들이 원활하게 일어나는 것을 방해합니다.

그뿐만이 아닙니다. 항우울제는 식욕을 비롯해 성적인 욕구와 기쁨을 억제시키기도 합니다. 항우울제로 인해 감정이 무뎌지면 우리가 느끼고 경험하는 세상은 아무런 변화가 없는 단조로운 세계가 됩니다. 게다가 식욕이나 성적인 생리 활동까지 원활하게 충족되지 않는다면, 단조로운 세계 속에서 활력을 잃어버리고 다시 우울감을 호소하게 됩니다. 그래서일까요? 해외에서 많은 사람이 항우울제 치료를 받은 뒤 부작용으로 자신이 좀비가 되어 가고 있다는 고충을 이야기하곤 합니다. 프로작을 비롯한 항우울제들은 어떤 상황에서는 훌륭한 치료제가 되기도 하지만 일상의 행복을 위해 복용하는 그런 이상적인 부류의 약이 아닌 것만은 확실합니다.

우울증은 진짜 수용체의 병일까?

아마도 여러분은 신문이나 과학 잡지의 기사에서 '우울증은 세로토닌이 부족해서 걸립니다' 같은 이야기를 한번쯤 들어 봤을 것입니다. 우울증에 걸리는 건 뇌에 세로토닌이 부족하기 때문에 세로토닌 수용체를 약물로 막아 우울증을 치료할 수 있다는 이야기입니다.

그런데 우울증이 정말로 세로토닌 흡수를 담당하고 있는 수용체의 병일까요? SSRI 가설은 적어도 한때는 맞는 이야기였지만, 지금은 설 자리를 잃었습니다. 항우울제 가설을 수용체 이론에 맞춰 제시한 칼손도 2000년대 들어 자신의 이론을 수정하기도 했습니다.

하지만 어느새 세로토닌 가설은 대중적 속설이 되어 버렸습니다. 어째서였을까요? 일반적으로 사람들은 복잡하고 어려운 이론보다 쉽고 단순한 이론을 좋아합니다. 그리고 불완전하고 불확실한 이론보다 완전하고 확실해 보이는 이론을 훨씬 더 좋아하고요.

세로토닌 가설이 바로 이런 부류에 속합니다. 게다가 세로토닌 가설은 약을 이용해 우울증을 쉽게 고칠 수 있을 것 같은 느낌을 불러일으키죠. 그러다 보니 제약회사에서는 세로토닌 가설을 가지고 항우울제 마케팅을 펼쳤고, 우리의 일상에 뿌리 깊이 자리 잡았습니다.

하지만 우울증을 비롯한 여러 심리적인 병은 지금까지 밝혀진 신체적인 병과는 성격이 많이 다릅니다. 병은 보통 몸속 분자들을 통해 진단이 가능합니다. 예를 들어 병균이나 바이러스로 인한 병은 세포 배양이나 항체의 양을 측정해 진단합니다. 암은 조직을 떼어 해당 부위의 세포의 모습을 현미경으로 판별하고요. 하지만 심리적인 병에는 이러한 생화학적인 진단 방법이 존재하지 않습니다.

심리적인 병이 신체를 이루고 있는 분자와 무관하다는 것이 전혀 아닙니다. 그동안 의약학자들이 자신들만의 방식으로 마음의 병에 대해 설명했지만, 그 누구도 아직까지 정확한 이유를 밝히지 못했다는 것입니다. 특정 수용체와 생화학적인 분자들이 우울증의 발병에 관여하겠지만, 세로토닌처럼 어떤 특정한 분자가 적어져서 혹은 많아져서라는 식의 단순한 이유는 아닐지도 모릅니다. 이런 이유로 아일랜드 FDA에서는 제약회사가 세로토닌 가설로 항우울제를 홍보하는 것을 법으로 금지시키기도 했습니다.

우울증의 원인, 전인주의 vs. 환원주의

우리는 몸에 종종 아픈 부위가 생깁니다. 운동을 지나치게 많이 한 다음 날에는 팔과 다리의 근육에 통증이 생깁니다. 상한 음식을 먹으면 설사를 하고 화장실에 자주 가게 됩니다. 대장이 병균에 감염돼 배변 활동에 이상이 생겼기 때문입니다. 이렇게 질병의 원인과 통증을 일으키는 신체 부위는 연관이 있는 경우가 많습니다. 통증이 있는 부위에 염증이 있거나 병균에 감염되었거나 하는 병의 원인이 자리 잡고 있습니다.

그럼 마음이 아플 때는 몸의 어느 부위가 아픈 걸까요? 현대 의약학자들은 뇌를 병의 부위로 지목했습니다. 좀 더 나아가 뇌를 이루는 변연계나 이마엽 같은 특정 부위들의 기능 이상을 이야기했고요. 또는 신경 세포들 사이에 주고받는 메시지의 해석을 담당하는 수용체의 이상을 주요 원인으로 지목하기도 했습니다. 그러면서 세로토닌 수용체가 우울증의 원인으로 등장하기도 했죠.

세로토닌 이론이 등장한 때는 1960년대였습니다. 당시는 분자생물학이 급격히 발달하던 시대로, 효소와 막단백질을 비롯한 수용체들이 발견되고 있었죠. 분자생물학을 토대로 의약학도 같이 발전하고 있었고요. 이런 분위기 속에서 의약학자들은 수용체의 비정상적인 활동이 병의 원인이라는 사실을 의심하지 않았습니다. 그도 그럴 것이 수용체의 활성을 변화시키는 물질들을 통해 수많은 치료제가 개발되었고, 이 치료제들을 통해 병들이 하나둘씩 정복되고 있었기 때문입니다. 그런 이유로 심리적 병인 우울증 역시 수용체를 통해 치유가 가능할 것이라고 생각했습니다.

그런데 수용체가 정말 모든 병의 원인일까요? 그게 아닐 수 있습니다. 특히 우울증을 비롯한 심리적인 병들은 더 그렇습니다. 사실 의약학의 역사에서 수용체가 병의 원인으로 등장한 것은 아주 최근의 일입니다.

병의 원인은 시대마다 달랐습니다. 과학이 발전하면서 과학자들이 생각하는 병의 원인과 부위는 점점 축소되었습니다. 광학현미경이 발견되기 이전 병의 부위는 심장이나 대장 같은 신체의 한 기관이었고, 그보다 더 오래전에는 몸 전체였습니다. 히포크라테스는 몸을 구성하는 물질을 체액이라고 정의하고, 체액의 불균형으로 병의 원인을 설명했습니다. 마치 동양의학에서 음과 양의 기운에 불균형이 생겨 병이 생긴다고 설명하듯이요.

이렇게 병의 원인을 하나의 신체를 통해 설명하는 것을 '전인주의'라고 합니다. 지금처럼 세포나 수용체처럼 작은 크기의 물질들을 통해서 설명하는 것을 '환원주의'라고 하고요.

그동안 인류는 분명 환원주의를 바탕으로 한 의약학을 통해서 많은 종류의 병을 극복했습니다. 하지만 환원주의를 바탕으로 한 과학관은 인간을 단순한 세포와 수용체의 집합체로만 지나치게 단순화한 측면도 있습니다. 지나치게 생물학적인 방법으로만 병의 원인을 이해하려고 한 것입니다. 그래서 우리가 아프다고 느끼는 것에는 심리적인 부분이 큰 데도 병의 원인에서 배제되었습니다.

더욱이 이미프라민이나 프로작 같은 신약들이 개발되면서 우울과 불안의 심리적인 이유에 더 관심을 갖지 않게 되었습니다. 심리적인 이유를 이해하려고 애쓰기보다 단순히 약물을 통해 마음의 병을 치료하려고 했습니다.

그런데 우울과 불안에는 정말로 심리적인 부분이 아무런 의미가 없는 것일까요? 불안이란 불행한 상황이 일어날지도 모른다는 걱정에서 비롯된 불편한 느낌입니다. 아직 일어나지는 않았지만, 불행한 일들이 일어나지 않도록 미리 대비할 수 있게 오랜 진화 과정을 통해서 형성된 심리 기제인 것이죠. 진화 과정을 통해 인간의 뇌에 각인된 마음이 불안이라는 느낌을 통해서 우리에게 생존에 필요한 무언가를 이야기해 주려고 하는 것입니다. 생존 경쟁이 심해질수록 그만큼 불안을 강하게 느끼게 되는 것은 너무나도 당연한 반응입니다.

항우울제는 인류가 탄생시킨 소중한 치료제입니다. 우울증으로 고통받는 인류에게 커다란 도움을 주기도 했고요. 하지만 우리가 잊지 말아야 할 사실은 우울증은 '신체의 당연한 반응이라는 것'입니다. 우울증의 원인인 공포와 두려움을 끊임없이 자극시키는 우리 사회의 경쟁 구조를 무시한 채 약물로만 치료가 이루어질 수 있다거나 우울증에 취약한 형질로 타고났기 때문이라거나 하는 이야기들은 우리 사회가 만들어 낸 편견입니다.

우울증 치료를 위해 약을 먹지 말아야 한다거나 우울증이 신체적인 병과 무관하다는 이야기가 절대 아닙니다. 우울증은 심리적 요소가 차지하는 비중이 큽니다. 우리나라의 청소년들은 다른 나라들에 비해 제한된 생활의 틀에 갇혀서 많은 시간을 보냅니다. 자신이 원하는 공부가 아닌, 사회가 원하는 지식을 습득해야 합니다. 학습 성적이 대학 입학과 인생의 진로에 직결되어 있어서 반강제적으로 지식을 습득할 수밖에 없습니다. 또한 지식 습득 능력을 등수와 등급으로 평가해 청소년들은 자신의 지능을 탓하고 심각한 자괴감에 빠지기도 합니다. 심지어는 극단적인 선택을 하기도 하고요.

지나친 경쟁이 불러일으키는 사회적인 문제에 대한 책임을 개인 탓으로 돌려 약에 의존하게 하는 사회는 건강하지 못합니다. 아무리 좋은 약이 존재하더라도 언제나 약은 차선의 선택이 되어야 합니다. 더욱이 항우울제는 치료제이지만 동시에 부작용이 많은 약입니다. 일상생활에서 우리가 누려야 할 정상적인 감정을 비롯해 생리적인 활동을 엉망으로 망가뜨릴 수 있는 광범위한 부작용을 가지고 있습니다.

이제 새로운 시대를 열어 갈 청소년들은 이전 세대가 만들어 놓은 낡은 생각의 틀에서 벗어나야 합니다. 억압과 스트레스, 그리고 불안과 공포가 많은 사회 속에서는 누구라도 누구나 아플 수 있다는 것을 알고 좋은 사회를 만들어 가는 일에 힘을 모아야겠습니다.

재미있는 약 이야기 ❻ 좀비가 되지 않으려면

아니, 아이티에서는 사람을 좀비로 만들어 노예로 부리던 일이 진짜 있었어.

헉!

뜨헉!

정말요?

진짜요?

1962년 봄, 나르시스라는 한 남자가 아이티의 한 병원에서 갑자기 죽었어. 그로부터 18년이 지난 어느 날, 나르시스의 여동생이 자기가 나르시스라고 주장하는 남자를 만났어.

오빠?

내가 나르시스라고.

꺅!

나르시스는 장례식까지 치르고 무덤에 매장되었다가 며칠 뒤 어떤 사람들에 의해 꺼내져 자신과 비슷한 좀비들과 강제 노동을 했어. 그러다가 16년 만에 고향으로 돌아온 거라고 했지.
웨이드 데이비드 박사는 조사를 통해 나르시스는 부두교 주술사들의 약에 들어 있는 여러 독 성분 때문에 좀비가 된 거라고 발표했어. 사실은 심리적인 원인이 더 크게 작용한 거지만.

타이레놀의 사용 설명서를 꼭 확인해 보세요!

타이레놀은 오랫동안 우리나라에서 가장 많이 사용되어 온 해열진통제입니다. 게다가 최근에는 코로나19 백신 접종이 시작되면서 타이레놀에 대한 관심이 부쩍 높아졌습니다. 우리나라 방역 당국이 발열, 몸살, 관절통 등 백신 접종 후유증을 줄여 주는 데 타이레놀 복용을 권고하고 있어서입니다.

우리는 종종 타이레놀은 부작용이 적고 안전한 약이라는 말을 듣곤 합니다. 그런데 정말로 맞는 말일까요? 그렇지 않다면 어떤 계기로 이렇게 알려지게 되었을까요?

타이레놀이 안전한 약으로 평가받아 온 이유

타이레놀은 1959년 미국의 맥닐연구소에서 아세트아닐리드라는 화합물의 구조를 변형시켜 개발한 진통제입니다. 아세트아닐리드는 1886년부터 해열진통제로 사용되었는데, 빈혈의 일종인 청색증과 간 및 신장에 독성을 일으킨다는 이유로 사용이 중단된 화합물이었죠. 그러다가 약학자들이 아세트아닐리드가 간에서 대사가 이루어지면서 아세트아닐리드보다 독성과 부작용이 거의 없는 아세트아미노펜(타이레놀의 성분명)으로 구조가 바뀐다는 것을 밝혀냅니다. 이 아세트아미노펜에는 해열 및 진통 효과가 있었죠.

얼마 지나지 않아 J&J(존슨 앤 존슨) 제약회사에서 맥닐연구소를 인

수하면서 타이레놀에 대한 특허권도 갖게 됩니다.

'타이레놀은 안전한 약'이라는 이야기는 타이레놀에는 기존의 소염 진통제인 아스피린이 가진 속쓰림과 위장 출혈 같은 부작용이 없다는 사실에서 시작됩니다. J&J는 이런 이유를 들면서 타이레놀을 아스피린보다 훨씬 부작용이 적고 안전한 약으로 전 세계에 홍보했습니다. 하지만 신입에 불과한 타이레놀이 인류에게 오랫동안 사랑과 신뢰를 받아 온 아스피린의 인기를 꺾을 수 없었죠.

그러던 중 J&J에게 뜻밖의 희소식이 찾아옵니다. 바로 아스피린에서 레이증후군이라는 심각한 부작용이 발견된 것입니다. 레이증후군은 독감이나 수두에 걸린 어린이와 청소년들이 아스피린을 복용할 경우 뇌와 간에 부종이 생기고 구토와 경련을 일으키는 증상입니다. 치사율이 50%에 이르렀죠. 이를 계기로 미국 FDA에서는 아스피린 포장지에 "수두와 독감을 앓는 어린이 및 청소년은 의사의 상담 없이 아스피린을 복용하지 말 것"이라는 경고문을 붙이게 합니다. 이때부터 사람들은 안전성을 이유로 아스피린보다 타이레놀을 더 찾게 되었죠.

과다 복용 시, 간 손상을 일으키는 타이레놀

그렇다면 타이레놀은 정말로 안전한 약일까요? 미국에서는 한 해에 15,000명의 환자가 타이레놀 과다 복용으로 응급실로 실려 옵니다. 그중 일부는 사망하고, 나머지 목숨을 건진 사람들 중 일부는 간에 치명적인 손상을 입어 타인의 간을 이식 받고 면역억제제를 평생 먹으며 힘겹게 생을 이어 가기도 합니다. 타이레놀은 술과 같이 또는 지나치게 많이 복용하면, 간에서 대사가 일어나 간 세포를 파괴하는 독성 물질로 변합니다. J&J는 이런 부작용을 오래전부터 알고 있었지만, 2009년이 되어서야 약 포장지에 간 독성과 사망 위험에 관한 경고 표시를 넣었습니다. 미국 FDA에서는 약품에 심각한 위험성이 발견되는 경우, 소비자가 위험성을 쉽게 확인할 수 있도록 포장지에 '검은색 사각형 테두리'를 두른 경고 문구를 삽입하게 합니다. 이런 형태의 경고 문구를 '블랙박스 경고문'이라고 합니다.

이전에도 간 손상에 대한 위험성은 끊임없이 제기되어 왔지만, J&J는 타이레놀에 경고 문구를 붙이는 것을 거부해 왔습니다. 간이라는 특별한 장기에만 특이적인 독성을 나타낸다고 표기할 경우, 소비자들이 경고 문구의 내용을 제대로 이해하지 못할 거라고요. 그리고 사망 위험을 표기하면 자살에 남용될 수 있다는 이유를 들기도 했죠.

정말 타이레놀은 다른 종류의 소염진통제보다 훨씬 안전한 약일까요? 정확히 대답하기는 어렵지만, 타이레놀 역시 간 독성이라는 무시할 수 없는 심각한 결함이 있는 약임에는 확실합니다. 하지만 타이레놀은 의사나 약사의 조언 없이 구매할 수 있는 '안전 상비약'이어서 종종 경고 문구를 간과하기 쉽습니다. 하지만 어떤 약이라도 경고 문구의 내용을 신중하게 확인해 보는 것이 바람직합니다.

약을 먹을 때 피해야 하는 음식은?

병을 치료하기 위해서는 약을 먹는 것만으로 충분하지 않습니다. 약물의 효과가 잘 발휘되고 병으로 쇠약해진 우리 몸이 약물의 부작용에 잘 견딜 수 있도록 음식을 충분히 섭취해야 합니다. 그런데 약을 먹을 때 피해야 하는 음식이 따로 있을까요?

물론입니다. 아무리 몸에 좋은 음식 또는 약일지라도 서로 궁합이 맞지 않으면 부정적인 작용을 일으켜 약효가 상쇄되어 사라지기도 하고, 어떨 땐 강화되기도 합니다. 약과 음식이 상호 작용을 일으키면 '1 + 1 = 2'가 아닌 경우가 많답니다.

약물의 흡수 과정

약물의 효과는 우리 몸속에서 흡수, 대사, 분포, 배설이라는 네 가지 과정을 통해 일어납니다. 일단 여러분이 삼킨 약은 우리 몸속에서 어떤 여정을 거쳐 수용체가 위치한 최종 목적지인 세포에 도달하는지를 살펴보고, 약물과 음식의 상호 작용에 대해서 살펴보겠습니다.

1. 흡수

입으로 삼킨 약물은 식도를 지나, 위와 소장에서 약물의 흡수가 일어납니다. 약물의 크기가 작고 지방 같은 성질, 즉 지방성이 클수록 위와 소장의 점막을 쉽게 통과합니다. 점막을 통과한 약물은 혈관을 타고 간으로 이동합니다.

2. 대사

소장을 통해 흡수된 약물은 먼저 간으로 갑니다. 간은 외부에서 들어온 물질의 구조를 변형시켜 해독하는 역할을 합니다. 이런 일련의 과정을 대사라 부르는데, 이때 '시토크롬 P450'이라는 일군의 효소들이 대사에 참여하게 됩니다.

대사 과정이 약물에 미치는 영향은 다양합니다. 약물들은 분해되면서 효과를 잃고 콩팥으로 가서 몸 밖으로 배설되기도 하고, 표적 단백질에 결합이 잘 이루어지도록 활성화된 구조로 변형되기도 해요. 또 정상적인 효과를 지닌 약물이 독성을 지닌 화합물로 변하는 경우도 있습니다.

3. 분포

대사가 이루어진 약물은 심장을 지나 혈관을 통해 온몸으로 퍼지는데, 이런 과정을 분포라고 부릅니다. 이때 약물은 혈관 속에서 혼자 돌아다니는 것이 아니라, 혈장 단백질이라고도 부르는 혈액 속의 알부민을 타고 최종 목적지로 이동합니다.

4. 배설

대사가 되고 남은 약물은 콩팥을 통해 소변으로 빠져나가기도 하고, 간에서 배설된 약물은 대변으로 빠져나오게 됩니다.

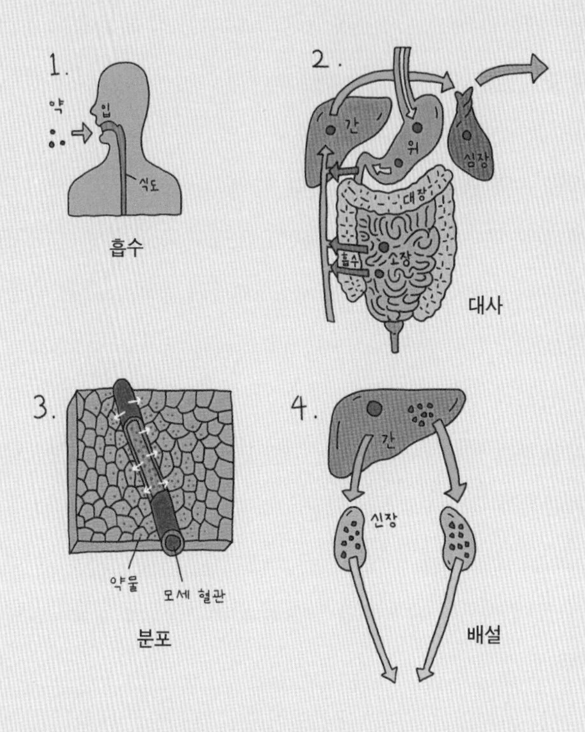

약과 같이 먹을 때 주의를 기울여야 하는 음식

대부분의 음식들은 약물의 흡수와 대사에 별다른 영향을 주지 않지만, 다음과 같이 특별하게 주위를 기울여야 하는 경우가 있습니다. 바로 일상생활에서 자주 먹는 식품인 우유와 술, 커피, 자몽입니다.

우유에는 칼슘이 많이 포함되어 있습니다. 그런데 일부 약물은 우유 속 칼슘과 결합해 약물 분자의 크기를 커지게 합니다. 그래서 소장 점막을 통과해 흡수되지 못하는 상황이 발생합니다. 결국 약물은 우리 몸에 흡수되지 못하고, 몸 밖으로 배출됩니다. 이런 종류에는 테트라

사이클린 계열의 항생제가 포함되어 있습니다. 약 복용 중에 우유처럼 칼슘 함량이 높은 식품을 섭취해야 한다면, 약을 먹기 3시간 전후로 섭취하시는 것이 좋습니다.

또 약을 술과 함께 복용하면 술은 약의 흡수 속도를 증가시킵니다. 약은 혈액 안에서 알코올에 둘러싸여 표적 수용체가 있는 세포막 안으로 훨씬 빠르게 흡수가 이루어져요. 게다가 간의 효소는 약뿐만 아니라 알코올도 같이 분해하기 때문에 분해 속도가 느려지고, 이로 인해 약이 몸속에 머무는 시간이 늘어나게 됩니다. 약의 흡수 속도는 커지는 반면 분해 속도는 느려지면서 약의 효과가 엄청나게 상승합니다. 진정제의 성격이 강한 약물, 예를 들어 마약성 기침·감기약(코데인, 하이드로코돈), 신경안정제 및 수면제 등이 여기에 속합니다. 이런 약들을 술과 같이 먹으면 자칫하면 의식을 잃고 호흡 곤란으로 사망할 수 있습니다.

커피에는 카페인이 들어 있죠? 여러분이 섭취한 카페인도 간의 효소에 의해 분해가 이루어집니다. 그런데 타이레놀, 와파린(혈액응고제), 이미프라민(항우울제) 같은 일부 약들 역시 같은 효소에 의해 대사가 이루어지죠. 약과 카페인이 혼합되면, 서로 간에서 분해되는 과정을 방해하면서 우리 몸속에서 머무르는 시간이 길어집니다. 카페인이 체내에서 분해되지 않고 누적되면 각성이 심하게 일어나 심장이 두근거리고 쉽게 불안해지며, 잠을 제대로 자기 힘들어집니다. 또한 분해가 느려진 약은 간에서 독성을 일으키기도 합니다.

자몽에는 나링게린이라는 쌉싸래한 맛을 지닌 화합물이 들어 있습니다. 나링게린은 당뇨병이나 대사증후군 같은 성인병을 막아 주는 고마운 물질이지만, 몇몇 종류의 약물들과 만나게 되면 상황이 바뀝니다. 나링게린은 간에서 효소의 활동을 방해해서 고지혈증 치료제, 고혈압 치료제, 항암제, 부정맥 치료제 등의 약들이 대사되는 것을 방해합니다.

자몽은 이외에도 광범위한 종류의 약물 대사에 영향을 미칩니다. 자몽의 부작용은 커피나 우유의 부작용보다 훨씬 심각합니다. 커피나 우유가 일으키는 부작용은 기껏 하루 이내이지만, 자몽의 효과는 며칠 동안 지속되기 때문입니다.

약을 처방 받은 뒤에는 약사에게 피해야 하는 음식이나 다른 약물이 없는지 물어보고, 약학정보원 홈페이지 혹은 Medscape 같은 앱을 이용해 상호 작용과 부작용을 검색해 보는 것이 좋습니다.

✚ 약을 폐의약품 수거함에 버려야 하는 이유 ✚

여러분은 복용하다 남은 의약품을 어디에 버리나요? 무심코 쓰레기 봉투나 화장실 변기 또는 하수구에 버리곤 하지 않나요? 그런데 이렇게 버려진 약이 자칫 생태계를 교란시키고, 이로 인한 피해가 우리에게 다시 돌아온다는 사실, 알고 있었나요?

생태계를 교란시키는 버려진 약

생태계에 피해를 입히는 약들은 상당히 많지만, 몇 가지만 살펴보겠습니다. 디클로페낙이라는 엔세이드 소염제부터 시작해 보죠. 디클로페낙은 원래 인간의 관절염 치료를 위해 만들어졌지만, 가축이 관절염을 겪거나 심하게 열이 날 때에도 사용됩니다. 그런데 1990년대 말, 가축을 치료하려고 사용한 디클로페낙 때문에 인도와 파키스탄에 서식하는 독수리가 멸종될 뻔한 사건이 있었습니다. 이 약은 인간과 소에게는 별다른 위험이 없는 안전한 약이지만, 독수리에게는 콩팥의 기능을 저해시켜 죽음에 이르게 하는 치명적인 독이기 때문입니다.

당시 인도의 축산업자들은 디클로페낙을 투여받다 죽은 소의 사체를 방치했는데, 이를 독수리들이 먹고 줄줄이 죽어 갔습니다. 그런데 불행은 독수리에서 멈추지 않았습니다. 얼마 지나지 않아 그 지역에 임파선종창이라는 전염병이 유행했는데, 이는 먹이 사슬 교란 때문에 생긴 것이었습니다. 왜냐하면 독수리의 숫자가 줄어들면서 임파선종

창의 매개체인 야생 쥐의 숫자가 급격히 늘어났기 때문입니다.

이런 약들 중에는 '에티닐에스트라디올'도 있습니다. 원래는 피임약으로 개발되었지만, 여성의 생리 주기를 늦추는 데 사용하기도 합니다. 그런데 이 약을 화장실 변기에 버리면, 강이나 호수로 흘러들어 그곳에 사는 물고기의 성 발달에 치명적인 장애를 일으킵니다. 2006년 미국 조사팀은 이 약에 노출된 수컷 물고기의 고환 속에서 기형적인 형태의 알을 발견하게 됩니다. 이 약은 수컷 물고기를 불완전한 생식 기능을 가진 암컷으로 변형시켜 어류의 멸종을 불러일으킵니다.

항우울제와 신경안정제도 마찬가지입니다. 신경안정제에 노출된 물고기는 천적에 대한 경계심을 잃고 먹잇감이 되곤 합니다. 본의 아니게 항우울제 치료를 받은 올챙이는 성장이 둔화되고, 연체류와 갑각

류는 생식 기능을 잃기도 합니다.

우리에게 위험 물질로 되돌아오다

항생제의 경우에는 위에서 언급한 약물들과 비교가 되지 않을 정도로 인류에게 너무나도 심각한 문제를 일으키고 있습니다. 항생제는 인류의 세균 감염을 치료하기 위해 만든 약이지만, 인류보다는 소와 닭을 비롯한 가축들에게 훨씬 많이 사용되고 있습니다. 매년 지구상에서 만들어진 항생제의 70% 이상이 가축에게 사용되니까요. 이런 종류의 항생제를 '성장촉진용 항생제'라고 부르는데, 가축이 항생제를 먹으면 생장 속도가 빨라지기 때문이에요.

가축을 빨리 자라게 만드는 항생제는 축산업자에게는 반가운 존재일지 모르지만, 그런 가축이 만들어 내는 고기, 우유, 달걀을 먹는 우리는 그렇지 않아요. 왜냐하면 이런 것들을 먹은 우리들 역시 본의 아니게 항생제에 노출되기 때문이죠. 나도 모르게 내 몸으로 들어온 항생제는 몸속의 유익한 세균을 죽일 수도 있을 뿐만 아니라 세포 속 미토콘드리아에 기능 부전을 일으켜 비만이나 암 같은 병을 일으킬 수도 있습니다.

또 다른 문제는 세균들이 항생제에 적응해 더 이상 항생제에 반응하지 않는 새로운 세균이 등장한다는 것이에요. 이런 세균을 슈퍼박테리아라고 부르는데, 지금과 같은 추세로 슈퍼박테리아가 계속해서 인류에 등장하면, 2050년에는 항생제의 내성으로 인해 3초당 1명이 숨질 것이라는 우려의 목소리가 나오기도 했습니다. 성장촉진용 항생제를 비롯한 항생제의 사용 범위를 병의 치료가 아닌 자본의 극대화를 위해 필요 이상으로 확대하는 것이 과연 올바른가에 대해 심각하게 논의해야 할 때입니다.

앞으로는 쓰다 남은 의약품이 있다면 가까운 약국에 가져가서 반드시 폐의약품 수거함에 버리기 바랍니다. 폐의약품 수거함에 모인 약들은 나중에 밀폐된 공간에서 소각이 이루어지기 때문에 안전합니다. 참, 강이나 호수로 흘러 들어가지 않는다고 일반 쓰레기봉투에 넣어 버려서도 안 됩니다. 왜냐하면 소각장에서 태워질 때, 의약품은 공기 중으로 날아갔다가 결국 우리 몸으로 다시 돌아오기 때문입니다.

참고 문헌

1장. 약은 어떻게 시작되었을까?

후나마야 신지, 진정숙 옮김, 『독과 약의 세계사』, AK Trivia Book(2017), p30-31

Mahdihassan, S. (1988), "Lead and mercury each as prime matter in alchemy." Ancient science of life 7(3-4): 134-138.

Lydia Kang, Nate Pedersen 지음, 『Quackery: A brief history of the worst ways to cure everything』, Workman(2017), Earth(p.115-123).

새뮤엘 노아 크레이머 지음, 박성식 옮김, 『역사는 수메르에서 시작되었다』, 가람기획(2018), 10장. 의학: 최초의 의학서.

2장. 분자로 이루어진 약

멜러니 선스트럼 지음, 노승영 옮김, 『통증 연대기』, 에이도스(2016), p123-129

R.J Huxtable, K.W. Schwarz. (2001) "Isolation of Morphine: First principles in Science and Ethics." Molecular Interventions 1(4):6-8

캐스린 하쿠프 지음, 이은영 옮김, 『죽이는 화학』, 생각의 힘(2015), p209-223

옌스 죈트겐 지음, 송소민·강영옥 옮김, 『화학사 강의』, 반니(2018), p229-239

페니 르 쿠터, 제이 버레슨 지음, 곽주영 옮김, 『역사를 바꾼 17가지 화학 이야기』, 사이언스 북스(2020), 1장, 10장

Steven M. Rooney and J. N. Campbell 지음, Springer(2017), 『How Aspirin Entered Our Medicine Cabinet』, Chapter 2. Aspirin and Chemistry Laboratory

3장. 약은 어떤 원리로 병을 치료할까?

토머스 헤이거 지음, 양병찬 옮김, 『텐 드럭스』, 동아시아(2020), 5장

데버러 헤이든 지음, 이종길 옮김, 『매독』, 길산(2004), p44-56

황상익 지음, 『콜럼버스의 교환』, 을유문화사, 2015, p108-111

권예리 지음, 『이 약 먹어도 될까요』, 에디트(2020), p28-37, p74-85

K.D. Rainsford 편집, 『Ibuprofen: Discovery, Development and Therapeutics』, Willey Blackwell(2015), Chapter 1. History and development of Ibuprofen

송정수, 비스테로이드 항염제의 최신지견. 대한내과학회지: 제67권 부록2호(2004)

Flower, R., "The development of COX2 inhibitors." Nature Reviews Drug Discovery volume 2(2003) : 179-191.

4장. 약과 독의 역사

반덕진 지음, 『히포크라테스의 발견』, 휴머니스트(2005), 1장, 2장

자크 주아나 지음, 서홍관 옮김, 『히포크라테스』, 아침이슬(2004), 6장

"Wikipedia", Rob of Asclepius, Theories, https://en.wikipedia.org/wiki/Rod_of_Asclepius

Borzelleca, J. F. (2000). "Paracelsus: Herald of Modern Toxicology." Toxicological Sciences 53(1): 2-4.

Gantenbein, U. L. Academic Press(2017), 『Toxicology in the Middle Ages and Renaissance』, Chapter 1

윌리엄 바이넘 지음, 박승만 옮김, 『서양 의학사』, 고유서가(2017), p57-64

캐스린 하쿠프 지음, 이은영 옮김, 『죽이는 화학』, 생각의 힘(2015), p57-82

Harper-Leatherman A.S. (2012). "O True Apothecary: How Forensic Science Helps Solve a Classic Crime." Journal of Chemical Education 89(5): 629-635.

다나카 마치 지음, 이동희 옮김, 『약이 되는 독, 독이 되는 독』, 전나무숲(2013), p198-201

5장. 약은 언제나 치료제일까?

피터 괴체 지음, 윤소하 옮김, 『위험한 제약회사』, 공존(2017), 19장
정진호 지음, 『위대하고 위험한 약 이야기』, 푸른숲(2017), p86-96
사이토 가쓰히로 지음, 이정은 옮김, 『독과 약의 비밀』, 아르고나인(2010), p170-171
Ben Quinn 지음, "Thalidomide campaigners dismiss manufacture's 'insulting' apology.", The Guardian(2012).
이은희 지음, 『하리하라의 몸 이야기』, 해나무(2014), p251-263
토머스 헤이거 지음, 양병찬 옮김, 『텐 드럭스』, 동아시아(2020), 8장
죽음의 진통제(The Pharmacist), 2020, 넷플릭스, 에피소드 2. A Mission from God, 3. Dope Dealers with White Lab Coat
Dan Keating, Samuel Granados 지음, "See how deadly street opioids like 'elephant tranquilizer' have become", The Washington Post(2017)
"NyCultureBeat", 아편인가, 진통제인가? 옥시콘틴의 정체, https://www.nyculturebeat.com/index.php?document_srl=3797652&mid=Art2

6장. 약으로만 치료되지 않을 때

웨이드 데이비스 지음, 김학영 옮김, 『나는 좀비를 만났다.』, 메디치미디어(2013), 2장
Littlewood, R. and C. Douyon (1997), "Clinical findings in three cases of zombification." The Lancet 350(9084): 1094-1096
Davis, W. 지음, 『Passage of Darkness: The Ethnobiology of the Haitian Zombie』, University of North Carolina Press(1988), Chapter 4.
Tracy V. Wilson 지음, "How Zombies Work: The Zombie Controversy." HowStuffWorks https://science.howstuffworks.com/science-vs-myth/strange-creatures/zombie2.htm
피터 괴체 지음, 윤소하 옮김, 『위험한 제약회사』, 공존(2017), 17장
미켈 보쉬 야콥슨 지음, 전혜영 옮김, 『의약에서 독약으로』, 율리시즈(2016), p18-40
스콧 스토셀 지음, 홍한별 옮김, 『나는 불안과 함께 살아간다』, 반비(2015), 5장
김누리 지음, 『우리의 불행은 당연하지 않습니다』, 해냄(2020)

부록

타이레놀의 사용 설명서를 꼭 확인해 보세요!

정진호 지음, 『위대하고 위험한 약 이야기』, 푸른숲(2017), 아스피린, 흥망성쇠의 역사(p177-183).
'J&J's dirty little secret', Fobes(1998), https://www.forbes.com/forbes/1998/0112/6101042a.html?sh=703755056a9f
'The history of acetaminophen', Apluscorp(2018), https://www.aplususapharma.com/blog/the-history-of-acetaminophen/
Acetanilide, Pharmaceutical use. Wikipedia, https://en.wikipedia.org/wiki/Acetanilide
'빈 속에 진통제를 먹어도 될까?', 온라인 중앙일보(2014), https://www.joongang.co.kr/article/14996148#home

약을 먹을 때 피해야 하는 음식은?

가케야 히데아키 외 지음, 『약의 과학지식: 약의 메커니즘과 신약 개발』, 아이뉴턴(2019), p8-35
크리스티네 기터 지음, 유영미 옮김, 『약의 과학』, 초사흘달(2021), 3장, 6장

약을 폐의약품 수거함에 버려야 하는 이유

최혁재 지음, 『모르는 게 약?』, 열다, p20-23, p47-50
미켈 보쉬 야콥슨 지음, 전혜영 옮김, 『의약에서 독약으로』, 율리시즈(2016), p157-164
"가축 성장 촉진하는 항생제 오남용 금지"… 온라인 동아일보(2019) https://www.donga.com/news/Society/article/all/20191210/98728915/1

나의 한 글자 09 약

좋은 약, 나쁜 약, 이상한 약

- 인류는 어떻게 약을 이용해 왔을까?

초판 1쇄 발행 2022년 9월 5일
초판 2쇄 발행 2023년 5월 30일

지은이 박성규
그린이 리노
펴낸이 이수미
편집 김연희
북디자인 하늘민
마케팅 김영란, 임수진

종이 세종페이퍼　인쇄 두성피엔엘　유통 신영북스

펴낸곳 나무를 심는 사람들
출판신고 2013년 1월 7일 제2013-000004호
주소 서울시 용산구 서빙고로 35 103동 804호
전화 02-3141-2233　팩스 02-3141-2257
이메일 nasimsabooks@naver.com
블로그 blog.naver.com/nasimsabooks

ISBN 979-11-90275-77-4 (44400)
979-11-86361-59-7(세트)